Michel BOURGOIN

LES TROIS PLUS GRANDS MYSTÈRES DE LA PHYSIQUE

Illustré par Michel BOURGOIN

Edition : Books on Demand,
12/14 rond-Point des Champs-Elysées, 75008 Paris
Impression : BoD - Books on Demand, Norderstedt, Allemagne
ISBN : 9782322193189
Dépôt légal : Janvier 2020

« Le sentiment de mystère est le plus beau qu'il nous soit donné d'éprouver. Il est la source de tout art et de toute science véritable. »

Albert Einstein

1. DES MYSTÈRES À LA PELLE

Vraiment à la pelle ? Ce n'était pas tout à fait le cas à la fin de la deuxième révolution industrielle. Le physicien britannique William Thomson, plus connu sous le nom de Lord Kelvin, estimait que la physique n'avait plus rien à découvrir à la fin du 19ème siècle ! Il a même écrit en 1900 : « Il n'y a rien à découvrir aujourd'hui, tout ce qui reste est d'améliorer la précision des mesures ». Dans un discours prononcé aussi en 1900 à la Royal Institution, il a précisé qu'il ne restait que deux nuages à l'horizon. Ces deux nuages consistaient, l'un en l'incapacité des physiciens à formuler le rayonnement d'un corps noir, l'autre à expliquer la nature du milieu électromagnétique.

Le premier "nuage" a été résolu dès 1900 par Max Planck en donnant naissance à la mécanique quantique. Le second était lié à la croyance générale de l'époque que les ondes électromagnétiques se propageaient au-delà de notre atmosphère, non pas dans le vide, mais dans l'éther qui baignait tout l'univers. Son existence avait été mise sérieusement en doute par les expériences de Michelson et Morley en 1887, puis de manière beaucoup plus élaborée en 1895.

Ces expériences ont fini par infirmer l'existence de l'éther mais il a fallu plusieurs années pour admettre que ces ondes ne s'appuyaient sur rien et pouvaient se propager dans le vide absolu. Cela n'a pas empêché Michelson lui-même de déclarer en 1903 : « Toutes les réalités et toutes les lois fondamentales ont été découvertes en sciences physiques, et elles sont aujourd'hui si solidement établies que la possibilité même que de nouvelles découvertes viennent les compléter est extrêmement faible » (A.A. Michelson : *Light waves and their uses,* The University of Chicago Press).

Pour compléter ce tableau dans l'infiniment grand et l'infiniment petit, précisons que l'on ignorait en ce début de siècle qu'il pouvait y avoir d'autres galaxies en dehors de la nôtre -la Voie lactée- et qu'on discutait encore de l'existence réelle des atomes.

Ainsi, au tout début du 20ème siècle, il n'y avait pratiquement plus rien à découvrir, triste perspective pour les chercheurs de l'époque ! Il est vraiment étonnant que d'éminents savants aient pu être convaincus qu'ils avaient fait le tour complet de la physique quand on sait que le nombre de questions à résoudre par la science ne cesse d'augmenter, surtout ces dernières décennies. Ils ont d'ailleurs été vite démentis : quelques années seulement après ces déclarations prenaient naissance la mécanique quantique, la relativité et la physique nucléaire. Ces nouvelles branches de la science ont non seulement bouleversé tous les principes bien établis de la physique classique, mais elles ont véritablement révolutionné l'ensemble de la physique en engendrant encore plus de questions qu'elles n'en ont résolues.

Aujourd'hui, en ce début de 21ème siècle, on a même l'impression que plus on avance, plus le nombre de questions à résoudre s'accroît. On peut en citer quelques-unes qui font le miel des revues scientifiques, par ordre décroissant de taille dans l'espace :

- Jusqu'où va l'univers et y a-t-il d'autres univers ?
- Les "trous de vers" existent-t-ils ?
- Comment va finir notre univers, si jamais il doit finir ?
- Qu'y avait-il avant le Big Bang ?
- Que sont la matière noire et l'énergie sombre ?
- Que trouve-t-on au fond d'un trou noir ?
- Une autre forme de vie intelligente a-t-elle pu se développer sur les exoplanètes que l'on ne cesse de découvrir ?
- Combien y a-t-il d'interactions fondamentales : quatre, trois, ou une seule ?
- Comment le chat de Schrödinger peut-il être en même temps mort et vivant ? Autrement dit qu'est-ce que la décohérence ?
- Est-ce que le graviton, vecteur de la gravitation, existe vraiment ?
- En quoi consiste une particule : de la matière, de l'énergie, une onde ?
- Y a-t-il d'autres bosons de Higgs ? Et des constituants de l'atome plus petits que les quarks ?

Vous vous en êtes déjà certainement posé quelques-unes vous-même et il y en a bien d'autres encore non résolues à ce jour. On a pourtant l'impression que les choses avancent tant l'histoire scientifique récente a été riche en évènements : la découverte du boson de Higgs (2012), la confirmation de l'existence des ondes gravitationnelles (2015), la détection directe d'un trou noir (2019), pour ne citer que les plus spectaculaires et les plus médiatisées.

A y regarder de plus près cependant, ces trois découvertes n'ont fait que confirmer des théories beaucoup plus anciennes. Celle du champ de Higgs, par exemple, a été postulée en 1964 indépendamment par François Englert, Peter Higgs et quelques autres pour expliquer la masse des particules. Quant à la théorie de la relativité générale conçue par Einstein en 1915, elle portait au cœur de sa formulation la déviation de la lumière par la gravitation et l'existence possible des ondes gravitationnelles et des trous noirs.

On pourrait même croire que la physique est en panne de grande théorie, mais c'est exactement le contraire qui se passe : on doit faire face depuis quelques années à une pléthore de théories dont on ne sait pas lesquelles vont survivre ou sont les meilleures pour décrire la réalité. Même la relativité générale, qui est une de celles qui tient le mieux la route parce que déjà centenaire et confirmée à plusieurs reprises par diverses observations et expériences, a un grave problème. Il faut savoir tout d'abord qu'elle repose sur un postulat -avéré jusqu'à présent- supposant que rien ne peut dépasser la vitesse de la lumière. Ensuite, et c'est peut-être plus grave, elle présente une incompatibilité rédhibitoire avec la mécanique quantique. Cette dernière fonctionne très bien au niveau du monde des particules, mais plus du tout au niveau des mouvements planétaires et de la gravitation, par exemple. Pour la relativité générale, c'est le contraire : elle explique bien la gravitation, le Big Bang, les mouvements des galaxies (à la constante cosmologique près, que l'on peut assimiler à une dose d'antigravitation), les ondes gravitationnelles et les trous noirs, mais elle reste inapplicable au niveau atomique.

On peut du coup avoir l'impression fondée que plus la physique avance, plus les mystères s'épaississent et plus les théories scientifiques se multiplient. Leur liste ne cesse pas de s'allonger : relativité généralisée, théorie quantique des champs, chromodynamique quantique, supersymétrie, électrodynamique quantique, théorie des supercordes, gravitation quantique à boucles, univers multiples ou multivers, théorie de la grande unification, théorie du tout, matière noire, énergie sombre. Cette liste est loin d'être exhaustive mais récapitule les principales qui font toujours l'objet d'études et de discussions. Elles décrivent bien ce que l'on observe, et c'est le moins que l'on puisse leur demander, mais attendent toujours des confirmations expérimentales. La relativité généralisée en a reçu de magnifiques mais elle ne suffit pas à expliquer le domaine quantique ; à l'opposé, d'autres théories ne sont pas réfutables, sont incapables de générer des prédictions vérifiables et auront donc beaucoup de mal à recevoir une confirmation expérimentale quelconque. C'est le cas, par exemple, de la théorie des multivers et de celle des supercordes, au moins dans leur état actuel.

Dans tout ce fatras de théories qui encombrent les centres de recherches et les sujets de thèse, quelques-unes finiront peut-être par percer. En attendant et parallèlement, les énigmes de la physique ont aussi une forte tendance à se multiplier, et il est bien difficile de faire parmi elles un choix en fonction de leur importance ou de leurs éventuelles retombées industrielles ou humaines.

Parmi tous ces mystères non élucidés, je vais m'attacher aux trois qui me paraissent les plus importants parce que si on arrive à lever ne serait-ce que le bout du voile sur l'un d'eux, on obtiendra ipso facto des éléments de réponses sur bien d'autres. Ces trois grands mystères tournent autour de trois questions :

- Qu'est-ce que la gravitation ?
- Qu'est-ce que le temps ?
- La mécanique quantique décrit-elle la réalité ?

Ces trois questions ont non seulement des liens profonds avec d'autres listées ci-avant, mais elles présentent aussi des liens entre elles. Par exemple la gravitation peut s'expliquer comme une déformation de l'espace-temps et une horloge -donc le temps- permet même de mesurer la gravitation. On parle aussi de plus en plus de gravitation quantique et d'espace-temps quantique.

Je vais essayer de vous guider un peu dans ce dédale de la physique moderne en vous donnant quelques points de repère pour comprendre où elle en est aujourd'hui. Enfin, pour ajouter un mystère de plus, je ne peux pas m'empêcher d'évoquer in fine une question tout aussi fondamentale : qu'est-ce qu'une particule ? Aussi étonnant que cela puisse paraître, les physiciens peuvent décrire chacune en détail : masse, énergie, charge, fréquence, spin, classification dans le modèle standard, mais ils restent incapables d'expliquer leur nature profonde. Ce sujet mérite d'autant plus réflexion qu'il touche le fondement même de la matière et de l'univers.

La première question sur la gravitation a commencé à vraiment intéresser les chercheurs à partir du 17ème siècle avec Galilée, Newton, et Kepler, jusqu'à, quelques trois siècles plus tard, Einstein et bien d'autres moins connus. En répondant à cette question, on espère pouvoir expliquer l'origine de notre univers, ce qu'il va devenir et comprendre le comportement de la matière et de quoi elle est constituée avec son foisonnement de particules en tous genres. Des sommes considérables ont été investies ces dernières années à travers le monde pour se lancer dans la recherche des ondes gravitationnelles et du graviton, la particule censée être le vecteur de la gravitation. Il faut savoir aussi que de nombreux centres de recherches travaillent sur la gravitation quantique ou des théories similaires pour essayer de comprendre pourquoi la relativité générale n'est plus valable au niveau de l'infiniment petit.

La deuxième question sur le temps est certes plus ancienne, mais elle avait surtout pour but d'améliorer la précision de sa mesure plutôt que de réfléchir sur sa nature profonde, laquelle ne préoccupait que certains sages et philosophes. Aujourd'hui encore, il n'intéresse que très peu de chercheurs qui estiment peut-être que tout a été dit avec la relativité générale et en tant que quatrième dimension de l'espace-temps. Le monde scientifique continue à faire la course à la précision pour les besoins des laboratoires, de l'informatique, des transmissions et des moyens de navigation. Les horloges les plus performantes du monde arrivent à la précision inimaginable de 10^{-18}, soit un écart d'une seconde depuis la création de l'univers ! Mais pour dire ce qu'est exactement le temps et pourquoi il a une flèche irréversible, il y a bien peu de chercheurs qui se sentent motivés dans cette voie, pire : certains physiciens se font l'écho de philosophes pour affirmer que le temps n'existe pas et qu'il est une simple création de l'esprit. A quand des recherches sérieuses sur le temps quantique et la particule d'espace-temps ? Le temps reste vraiment le parent pauvre de la recherche fondamentale.

A l'inverse, les questions et les recherches ayant trait à la mécanique quantique sont légion. Cette branche de la physique est la plus jeune, à peine plus d'un siècle, mais a déjà donné lieu à de belles découvertes comme le laser. Si personne ne comprend vraiment ce qu'il y a derrière (comment une particule peut-elle être en deux endroits différents au même moment ?), elle promet d'autres découvertes surprenantes comme l'ordinateur quantique. L'intrication de particules est un phénomène maîtrisé au niveau des laboratoires mais qui n'explique pas le monde réel ; comment passe-t-on de ce monde minuscule, probabiliste et incertain à la réalité qui nous entoure ? La transition de ce monde au nôtre s'appelle la "décohérence", terme barbare désignant ce moment fatidique et soudain où tout redevient "normal". On observe bien ce phénomène mais on est incapable d'expliquer ce qui le provoque. On attend toujours avec grand espoir la théorie qui permettra un jour de le comprendre et d'expliquer par la même occasion pourquoi la relativité générale est inapplicable à ce niveau de la matière.

2. LA GRAVITATION

« J'ai voulu expliquer les phénomènes célestes et ceux des marées par la force de la gravitation, mais je n'ai donné nulle part à connaître la cause de la gravitation. »

Isaac Newton

« Nous pouvons arriver à vaincre la pesanteur, pas la paperasserie. »

Wernher von Braun

L'approche de Newton

Parmi toutes les questions scientifiques examinées ici, celle de la gravitation est peut-être la plus ancienne que se posait l'Homo sapiens, avec celle de la nature du ciel au-dessus de sa tête. Elle a commencé par être abordée uniquement sous l'angle du poids des choses, ce qui nous a valu l'invention de la roue et de la brouette ! D'ailleurs l'étymologie du mot gravité nous vient du latin "gravitas" pour désigner ce qui est lourd, pesant, mais les Anciens ne se posaient pas trop de questions sur ce qui pouvait la provoquer. Aristote avait quand même fait l'observation remarquable qu'il s'agissait d'une force qui se dirigeait vers le centre de la Terre.

Dès l'Antiquité on savait que la Terre était ronde : deux siècles avant Jésus-Christ, Eratosthène, en mesurant l'écart des rayons solaires entre Alexandrie et Syène, avait calculé que sa circonférence devait être proche de 40 000 Km, remarquable précision ! Christophe Colomb aurait mieux fait de s'y fier... Pourtant la question de savoir s'il y avait des hommes de l'autre côté pouvant vivre la tête "en bas" était incongrue car la Terre est restée plate dans l'esprit des hommes jusqu'à la fin du Moyen-Âge ; et les rares qui la savaient ronde ne pensaient pas une seconde qu'il pouvait y avoir des hommes "en-dessous". Il a également fallu attendre Copernic, Galilée et Kepler pour mettre fin à l'héliocentrisme. La Terre et les planètes tournaient bien autour du soleil, mais on ne se demandait pas quelle était la cause de ces belles orbites régulières ni des trajectoires étranges des comètes.

Il a fallu attendre le 17ème siècle pour qu'un homme se demande pourquoi une pomme tombait toujours vers le bas. C'est Isaac Newton qui a réussi à concilier la description du mouvement des corps sur la Terre faite par Galilée et la mécanique des corps célestes étudiée par Kepler. Il a travaillé pendant une vingtaine d'années avant de publier en 1687 son *Philosophiae naturalis principia mathematica* pour expliquer les effets d'une force d'attraction entre des corps massifs. Il n'a pas hésité à qualifier cette force d' "universelle" puisqu'elle s'appliquait aussi bien à la chute des corps sur Terre qu'au mouvement des planètes autour du Soleil.

C'est l'effet de la masse de la Terre exerçant sa force d'attraction qui explique la chute des corps et la trajectoire d'un boulet, c'est celui de la masse du Soleil qui explique le mouvement des planètes et c'est celui de la masse de la Lune qui provoque les marées. Il a prouvé que cette force d'attraction réciproque entre deux corps diminuait avec la distance. Plus précisément : deux corps de masses m1 et m2 s'attirent mutuellement avec une force proportionnelle à leurs masses et inversement proportionnelle au carré de la distance qui les sépare. Ce qui se traduit par la célèbre formule :

$$F = g.m1.m2/d^2$$

Dans cette formule, g est une constante baptisée, bien sûr, constante de gravitation universelle et a été mesurée expérimentalement. Si la force est exprimée en *newton* -unité toujours en vigueur dans le système international et qu'il est admis de prononcer "neuton" en français-, les masses en kilogramme, la distance en mètre, la valeur de g est de $6,67.10^{-11}$. Valeur qu'il ne faut pas confondre avec celle de la gravitation sur la surface terrestre qui est variable et proche de 9,81 m/s². Cela ne vous rappelle-t-il pas quelques discussions d'étudiants sur la différence entre le poids et la masse ?

La masse d'un corps est une caractéristique intrinsèque, qu'il soit immobile ou en mouvement ; son poids mesure la force à laquelle il est soumis dans un champ de gravitation selon F=mγ. Autrement dit une bille de masse m mise sur le plateau d'une balance à Paris aura un poids de 9,81 fois sa masse, en apesanteur totale son poids sera nul. Ce qui peut se dire aussi : « Mon gros ballon de 1kg, au sol, pèse 9,81 Newton, dans la station spatiale il ne pèsera rien ». Si vous n'avez pas tout suivi, ce n'est pas grave (gravis !), d'autant plus que la définition du kilogramme vient de changer. Ce n'est plus la masse de l'étalon en platine irridié conservé sous vide au pavillon de Breteuil à Sèvres car sa masse avait la fâcheuse habitude de varier de quelques microgrammes avec l'usure du temps. Depuis mai 2019, la 26ème conférence générale des poids et mesures a adopté une nouvelle référence, bien plus précise, liée à la constante de Planck et obtenue à partir d'une balance de Kibble (ex balance du watt) compliquée à mettre en œuvre au point qu'il y en a très peu dans le monde. Rassurez-vous : vous n'en aurez pas besoin pour vérifier le poids du lingot d'or qui dort dans votre coffre, encore que…

Il faut juste retenir que, pour mesurer un poids, il faut connaître avec suffisamment de précision la pesanteur locale : 9,81 m/s² en moyenne à la surface de la Terre à 1% près. Pour mesurer la pesanteur en n'importe quel endroit il faut utiliser un gravimètre, ou un accéléromètre à condition que son axe sensible soit bien vertical. On trouve aujourd'hui un peu partout ces accéléromètres miniatures : dans les centrales inertielles des avions et des bateaux, dans les missiles, dans les voitures (pour déclencher les airbags), dans les gyroroues, même dans les tablettes et smartphones pour détecter l'orientation de l'écran. En général ce n'est pas pour mesurer le poids de l'engin qui le contient mais plutôt pour avoir une référence de verticale, mais le principe est identique. Newton aurait été le plus heureux des hommes en découvrant tous ces engins qui appliquent sa deuxième loi $F=m\gamma$! Mais il découvrirait par la même occasion que si ses lois sont toujours utilisables et suffisantes dans notre monde habituel, elles ne satisfont plus du tout les physiciens aujourd'hui, certains allant même jusqu'à les remettre en cause pour expliquer les mouvements des galaxies et amas d'étoiles. Pour ne citer qu'elle, la théorie MOND (MOdified Newtonian Dynamics) est une théorie concurrente de celle de la matière noire qui part du principe que les lois newtoniennes ne sont pas vraiment universelles et ne sont peut-être plus tout à fait les mêmes à des années-lumière de nous.

Fort heureusement les lois de Newton fonctionnent toujours bien dans la vie de tous les jours, au point que ce sont toujours elles qui servent à faire les calculs balistiques pour tirer un missile, lancer un satellite ou jouer aux fléchettes. Mais il y a un hic : elles n'expliquent aucunement la vraie nature de la gravitation, c'est-à-dire le phénomène physique qui crée cette force d'attraction entre deux corps massifs. Pourquoi deux corps "s'attirent-ils" comme deux aimants -j'ai failli écrire amants !- ? La similitude est d'ailleurs frappante puisque les pôles opposés de deux aimants s'attirent avec une force proportionnelle à l'intensité de chaque pôle et inversement proportionnelle au carré de la distance qui les sépare, pure coïncidence ? Que ce soit une pomme ou un homme, les deux sont irrémédiablement attirés vers la Terre, vers le bas. L'humanité semble collée au sol comme des mouches sur une bande de papier gluant. On a bien du mal à s'en détacher et on est tellement habitué à ce phénomène que l'on ne s'en rend même plus compte, sauf quand on est en apesanteur, en chute libre, ou en train d'encaisser quelques "g" dans un avion. Pour la petite histoire, peut-être embellie, c'est en voyant un ouvrier tomber de son échelle dans la rue qu'Einstein a commencé à réfléchir à la gravitation après que cet ouvrier, une fois remis de sa chute, lui ait dit quelque chose comme : « C'est étrange, avant de percuter le sol j'étais bien, j'avais l'impression de voler ». Cette réflexion l'inspira pour introduire la gravitation dans sa relativité restreinte. On ne peut manquer de rapprocher cette histoire de celle de la chute de la pomme. Faudra-t-il attendre la chute d'une grosse météorite pour inspirer le prochain génie qui travaille sur la gravitation quantique ?

Newton était parfaitement conscient qu'il avait donné les bonnes lois physiques pour exprimer la gravitation, mais sans pouvoir en expliquer les causes profondes. Relisez donc sa citation en début de chapitre. Le mystère de la gravitation restait entier et il a fallu attendre la relativité pour en savoir un peu plus.

L'approche d'Einstein

Albert Einstein a publié en 1905 sa relativité restreinte dans laquelle on trouve sa fameuse formule $E = mc^2$ mettant en évidence l'équivalence entre la masse et l'énergie. En partant du postulat que rien ne pouvait dépasser la vitesse de la lumière, il a établi que toutes les mesures spatiales et temporelles dépendaient de l'observateur qui les faisait, de son référentiel pour employer le terme exact. Grâce à quoi il a démontré deux choses : qu'il était impossible de maintenir la synchronisation de deux horloges identiques distantes et mobiles dans l'espace et que l'existence de l'éther était une hypothèse totalement inutile pour la propagation des ondes électromagnétiques. Son article fondateur a d'ailleurs été publié en 1905 sous le titre : *De l'électrodynamique des corps en mouvement*. Il a établi ainsi un lien total entre l'espace et le temps en créant la notion d'espace-temps, non plus à trois mais à quatre dimensions. Il s'agit d'un espace à courbure nulle, euclidien ou plan en quelque sorte.

Mais il y avait un gros problème d'incompatibilité avec les lois de Newton qui pouvaient admettre une vitesse infinie, par simple addition des vitesses comme la balle tirée à bord d'une fusée (attention au trou !). Dit autrement, selon la relativité restreinte, l'effet d'attraction de la gravitation est soumis à une vitesse limite et ne peut donc pas se transmettre instantanément comme l'affirmait Newton.

Ce problème a fait couler beaucoup d'encre à l'époque et a été brillamment illustré par le paradoxe des jumeaux de Paul Langevin (voir encadré ci-après). Einstein a donc dû reprendre sa théorie pour tenir compte de la gravitation, donc des accélérations, ce qui lui a pris une dizaine d'années. Par une expérience de pensée dont il avait l'art, il avait transformé la chute de l'ouvrier en problème du passager d'un ascenseur complètement fermé et incapable de déterminer, sans repère extérieur, s'il subissait une accélération constante. Si le câble de l'ascenseur casse, l'ascenseur et le passager se retrouvent en chute libre et s'il lâche son attaché-case sous l'effet compréhensible de l'émotion, ce dernier ne tombera pas mais lui semblera flotter dans l'espace. De cette expérience de pensée, Einstein tira l'idée géniale d'équivalence physique entre un champ de gravitation et un référentiel uniformément accéléré.

Les jumeaux de Langevin (article présenté en 1911)

Un des frères jumeaux reste sur Terre, l'autre fait un aller-retour en fusée à une vitesse proche de celle de la lumière. A son retour, ce dernier retrouve son frère plus vieux de 50 ans ! Avec la relativité restreinte, le frère resté sur Terre est en droit de dire que c'est son frère voyageur qui aurait dû être plus vieux de 50 ans. Avec la relativité généralisée, c'est bien celui qui a subi des accélérations-décélérations qui a vieilli moins vite car il a changé de référentiel galiléen pendant son voyage.

En 1915 il réussit à mettre en équation sa relativité généralisée dans laquelle l'espace-temps subissait une courbure en présence d'un corps massif. La gravitation s'y explique ainsi : un corps comme une étoile crée une sorte de vaste dépression dans la texture de l'espace-temps et un autre corps moins massif qui s'en approcherait pourrait soit se précipiter vers l'étoile, soit se mettre en orbite autour d'elle. La relativité générale est donc avant tout une théorie relativiste de la gravitation. Elle n'invalide pas les lois de Newton qui restent valables aux petites vitesses, mais le concept de la gravitation est radicalement différent : ce n'est plus une force mais la manifestation d'une courbure de l'espace-temps provoquée par la présence de masses et d'énergies. Je ne résiste pas au plaisir de vous présenter sa belle formule, tant elle paraît simple bien qu'assez compliquée à expliquer :

$$R_{ij} - \frac{1}{2}R.g_{ij} = \frac{8\pi G}{c4}T_{ij}$$

Sans rentrer dans les détails, sachez que la partie gauche de cette équation est l'expression géométrique de l'espace-temps, sa courbure, et que la partie droite correspond à l'état physique du système (densité de matière-énergie) ; $8\pi G/c^4$ est une constante, i et j sont des indices représentant les quatre dimensions. Il faut savoir qu'Einstein a cru bon d'ajouter dans sa formule une constante Λ_{ij} dite "cosmologique" pour traduire le fait qu'il pensait que notre univers était stationnaire alors que sa formule impliquait une expansion de l'univers à laquelle il ne croyait pas. Quand on a mis plus tard en évidence la réalité de cette expansion, il a supprimé la constante en disant que c'était sa plus grande erreur, mais on la voit réapparaître dans certaines théories cosmologiques récentes puisque l'ajout de cette constante permettrait de s'affranchir de l'hypothèse de l'existence de l'énergie sombre !

Toutes nos connaissances sur la gravitation sont toujours basées sur cette formule. C'est elle qui a permis d'expliquer les anomalies observées sur l'orbite de

Mercure, qui a mis en évidence l'effet de la gravitation sur les rayons lumineux, qui portait en elle l'existence des trous noirs et des ondes gravitationnelles, et qui a permis de remonter au Big Bang. Autant dire qu'elle est aussi géniale que E=mc², seulement un peu plus difficile à retenir et à utiliser.

J'ai pourtant beaucoup de mal à m'expliquer que c'est cet effet gravitationnel de la masse de la Terre sur la courbure de l'espace-temps qui fait implacablement coller au sol ma petite masse corporelle. Un autre exemple qui me chagrine réside dans l'effet de la distance : lorsque je conduis ma voiture pour faire les quelque 400 km de Paris à Lyon, elle adhère bien au revêtement de l'autoroute, pour peu que les pneus ne soient pas trop lisses. Maintenant si je fais la même distance de 400 km à la verticale avec un bon moteur fusée pour aller faire une escale à bord de la station spatiale, l'ISS, me voici en apesanteur avec, qui plus est, mon whisky qui se met en boule. Pourtant c'est bien la formule d'Einstein qui explique ces phénomènes. C'est toujours l'outil le plus utilisé dans le domaine de la cosmologie et de l'astronomie. Heureusement pour la vie quotidienne, on peut très bien se contenter des lois de Newton qui restent une bonne approximation.

Est-ce pour autant qu'Einstein a résolu tout ce qui touche à la gravitation ? On a vu qu'il a eu lui-même de gros doutes au sujet de la constante cosmologique pour expliquer l'expansion de l'univers. Donc, même dans son domaine de prédilection, la relativité générale n'explique pas tout sur le fonctionnement de l'univers. Elle a beau tenir la route depuis plus d'un siècle, être l'objet d'un consensus mondial remarquable et avoir été confirmée à maintes reprises au travers de prédictions pas du tout intuitives dont les plus récentes sont les trous noirs et les ondes gravitationnelles, elle ne suffit pas, loin de là, à tout expliquer dans l'évolution de notre univers.

La relativité a été, par exemple, génialement interprétée par le chanoine belge Georges Lemaître qui en a tiré l'idée en 1931 de l'atome primitif (appelé plus tard Big Bang), mais elle n'a pas suffi à interpréter tous les phénomènes qui sont intervenus au tout début de la création, au moment où l'univers n'était encore qu'un point minuscule, hyper énergétique et quantique. Elle n'a pas suffi non plus à expliquer l'accélération de son expansion qui a suivi immédiatement le Big Bang. Cette période d'expansion extrême, baptisée "inflation cosmique", a eu lieu en un temps ridiculement faible, très inférieur à la seconde. L'inflation a été confirmée à plusieurs reprises et par différentes méthodes par les astronomes depuis l'observation en 1998 de la vitesse de fuite anormale de supernovae lointaines.

Malheureusement, à supposer que cette période très généralement admise aujourd'hui ait bien eu lieu, on ne sait pas ce qui l'a provoquée. Il existe plusieurs modèles concurrents pour expliquer ce qui a littéralement annulé la courbure de l'univers jeune (une toute petite boule) en le dilatant tellement qu'il est devenu instantanément presque "plat".

La relativité générale ne nous permet pas non plus de prévoir l'évolution finale de l'univers. Les hypothèses avancées par les cosmologistes sur son agonie se résument à quatre scénarios, avec des variantes :
- un effondrement complet de l'univers sur lui-même (le Big Crunch qui serait un Big Bang à l'envers),

- une mort thermique (Big Freeze),
- une grande déchirure (Big Rip) consistant en un déchirement gigantesque qui disloquerait les galaxies et même les atomes,
- une sorte d'univers cyclique qui renaîtrait dans un nouveau Big Bang.

Ici aussi c'est la gravitation qui reste le principal acteur. Si la formulation géniale d'Einstein a permis de faire un énorme pas en avant dans le domaine de la cosmologie, elle ne suffit pas à tout expliquer.

Dans le domaine de la mécanique quantique dont il a été pourtant un des initiateurs, c'est encore pire : elle ne s'applique pas du tout ! Einstein était parfaitement conscient du problème et n'a pas cessé d'avoir des échanges et des discussions sur ce sujet avec tous les grands savants de l'époque, mais il n'a pas réussi, malgré tous ses efforts jusqu'à sa mort en 1955, à trouver la solution pour la rendre compatible avec la relativité générale. Il aurait aimé trouver la relativité universelle !

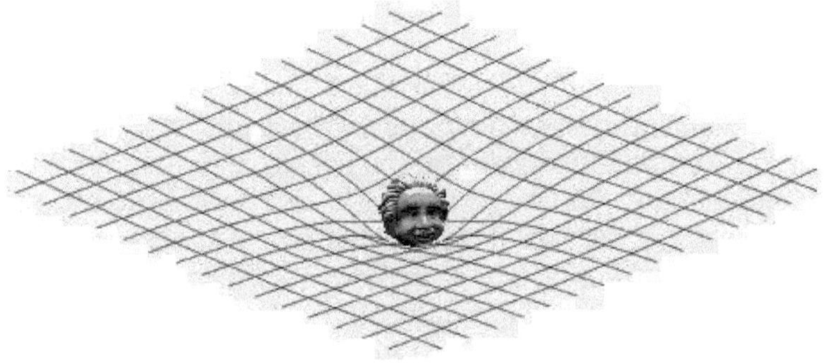

A la poursuite du graviton

Pour Newton, la gravitation était une force d'attraction s'exerçant entre deux corps. Pour Einstein, la gravitation était une interaction créée par la courbure de l'espace-temps, courbure provoquée par la présence de masses et d'énergie. Pour les physiciens modernes, la gravitation serait quantique et une des voies de recherche actuelle consiste à trouver la particule quantique qui serait le vecteur de cette interaction. On a appelé "graviton" cette particule élémentaire, ce mot aurait été créé en 1934.

La gravitation fait partie des quatre interactions fondamentales connues et est réputée pour être la plus faible de toutes, en contrepartie c'est elle qui porte le plus loin, jusqu'aux confins de l'univers. Il a été naturel d'imaginer l'existence du graviton comme particule porteuse ou messagère de la gravitation puisque les trois autres interactions ont leurs propres particules :
- l'interaction électromagnétique est celle qui génère le magnétisme, l'électricité, la lumière ; le célèbre photon est son vecteur,
- l'interaction nucléaire faible est celle que l'on rencontre en radioactivité naturelle ou radioactivité Béta ; elle est transportée par des particules appelées bosons lourds (Z_0, W^+ et W^-),
- l'interaction nucléaire forte est celle qui assure la cohésion de toutes les particules composées de quarks (protons et neutrons entre autres), c'est la fameuse "colle nucléaire", la plus forte de toutes mais à très très courte portée ; de manière très imagée son vecteur a été baptisé "gluon".

Le photon, les bosons et autres gluons ont été bien identifiés, à l'inverse le graviton échappe encore à toutes les tentatives de détection et reste un inconnu dans le bataillon des particules. Le graviton, dont l'existence a été supputée dès la gestation de la théorie quantique des champs, apparaît dans plusieurs théories[1] plus récentes comme celle des cordes et celle de la gravitation quantique à boucles. Le graviton serait le quantum de l'interaction gravitationnelle et entrerait dans la catégorie des bosons, électriquement neutre, avec une masse nulle et se déplaçant à la vitesse de la lumière, un peu comme le photon. Il serait à une onde gravitationnelle ce que le photon est à une onde électromagnétique.

La grosse différence avec le photon est qu'il n'est pas visible et qu'il est bien difficile de détecter quelque chose qui a une masse nulle. Sa détection directe est hors de portée des plus puissants accélérateurs de particules actuels. On s'oriente donc vers des moyens de détection indirecte, en cherchant des comportements de particules qui n'obéiraient pas parfaitement à la relativité générale. Précisons, à ce sujet, qu'il ne faut pas confondre le graviton avec le boson de Higgs, bien que la différence soit subtile. Le premier explique la propagation de la gravitation dans l'espace, le second explique le fondement des effets gravitationnels au niveau des particules. Le boson de Higgs est une particule, ou plus exactement un champ, appelé champ de Higgs, qui génère la masse de toutes les particules, à l'exception donc du photon, des gluons et du graviton réputés sans masse.

---

1 Certaines de ces théories introduisent l'idée d'un graviton massif et même la possibilité qu'il y ait deux gravitons dont un massif.

Pour illustrer la difficulté de détecter une particule sans masse, il est intéressant de se rappeler l'histoire du neutrino. C'est une particule élémentaire qui se déplace aussi à la vitesse de la lumière et est électriquement neutre, d'où son nom. Son existence a été postulée par l'Autrichien Wolfgang Pauli en 1930. Ces particules sont omniprésentes dans l'espace et le Soleil nous en envoie des quantités surabondantes qui nous bombardent sans cesse sans que nous nous en apercevions, et pour cause : elles traversent nos corps et la Terre entière sans le moindre effet. Il a fallu déployer des détecteurs gigantesques pour essayer de les piéger.

On a commencé par d'immenses réservoirs remplis de chlore ou de gallium (des centaines de tonnes), puis des réservoirs d'eau encore plus grands, dont certains sont toujours opérationnels. Le neutrino a fini par être découvert en 1956. Comme ces détecteurs ont permis de mettre en évidence trois variétés de neutrinos et qu'on a découvert que le neutrino avait finalement une toute petite masse, les expériences continuent à travers le monde. Il y a par exemple des expérimentations en cours en Allemagne, en Italie, au Japon, en France (au CERN et à Chooz). La plus spectaculaire a commencé en 2010 en Antarctique, appelée "Ice Cube", elle consiste en un cube de glace d'un kilomètre d'arête construit sous le pôle Sud et truffé de détecteurs.

L'histoire du neutrino montre qu'il s'est écoulé 24 années entre l'idée qu'il pouvait exister et sa première détection. Presque un siècle plus tard, on construit encore des détecteurs très coûteux pour le traquer. Il ne faut donc pas désespérer pour le graviton !

La chasse au graviton est plus que jamais ouverte et son terrain de prédilection se trouve surtout du côté des grands accélérateurs, comme celui du CERN (Centre Européen de Recherche Nucléaire). Cependant le graviton est si insaisissable que certains pensent que dès sa formation il s'échappe dans d'autres dimensions de notre univers qui pourrait en avoir bien plus que quatre, comme dans la théorie des cordes. Ce serait une véritable chasse au dahu en quelque sorte… Une voie prometteuse vient de s'ouvrir avec la découverte récente des ondes gravitationnelles puisque nous avons vu que le graviton est à ces ondes ce que le photon est aux ondes lumineuses.

Les ondes gravitationnelles

Henri Poincaré avait fait l'hypothèse, dès 1905, que la gravitation pouvait se transmettre par l'intermédiaire d'ondes de gravitation. Einstein -encore lui- a montré en 1916 que sa formule impliquait l'existence de ces ondes, mais il s'est toujours demandé jusqu'à sa mort si elles existaient réellement ou si ce n'était pas un simple artefact mathématique de la relativité générale. Il pensait aussi qu'il serait impossible de les détecter au cas où elles existeraient, ce qui était vrai avec les moyens de son époque. Il a fallu attendre 1957 pour que les scientifiques commencent à croire sérieusement à leur réalité, grâce à Richard Feynman notamment, et surtout qu'il devrait être possible de les détecter.

Ces ondes gravitationnelles sont assez comparables à celles qui se forment autour d'un caillou qu'on jette dans l'eau ou aux ondes sonores transmises par la vibration de l'air. La grosse différence tient à ce qu'elles se propagent dans le vide intersidéral à la vitesse de la lumière. Elles se propagent donc exactement comme les ondes électromagnétiques, sans aucun support matériel, surtout pas grâce à un éther dont a longtemps supposé l'existence. Elles sont provoquées par des effets "masse-énergie" très importants à l'échelle de l'univers. Le "caillou" ici peut être une collision d'astres très massifs ou un phénomène générateur extrêmement énergétique, comme le Big Bang lui-même.

Les ondes gravitationnelles déforment donc l'espace-temps par leur passage en provoquant des contractions ou des dilatations de l'espace. C'est cet effet que l'on va utiliser pour essayer de les détecter mais il va falloir pour cela résoudre deux problèmes. Le premier consiste à pouvoir mesurer des élongations avec une précision jamais atteinte. Joseph Weber, par exemple, a essayé dans les années soixante de détecter ces ondes en mesurant les déformations d'une grande barre d'aluminium, en vain car avec son système il était vraiment très loin de la précision requise de 10^{-34} ! Le deuxième problème tient au fait qu'il faut trouver un phénomène générateur suffisamment puissant pour être détectable avec nos moyens. L'explosion d'une bombe thermonucléaire de plusieurs mégatonnes provoquerait bien de minuscules ondes, mais si ridiculement faibles qu'il est hors de question de pouvoir les détecter, sans compter qu'un tel système risquerait de provoquer quelques réactions dans le monde.

Il a donc fallu se résoudre à utiliser les phénomènes les plus énergétiques que peut nous fournir la nature : explosion d'une supernova, collision d'étoiles à neutrons ou de trous noirs, et pourquoi pas le Big Bang qui a laissé des traces dans l'espace-temps. L'idée de piéger la naissance explosive d'une supernova est bonne dans son principe, c'est-à-dire à la portée de nos instruments les plus précis aujourd'hui. Malheureusement c'est un évènement rare, qui dure peu de temps et qu'on est incapable de prévoir.

Le rayonnement fossile du Big Bang, ou fond diffus cosmologique, a été une voie plus prometteuse et a fait l'objet de nombreuses expériences pour voir s'il pouvait contenir une trace du tsunami gravitationnel engendré par la brutale inflation de l'univers. La plus récente, appelée BICEP 2 (Background Imaging of Cosmic Extragalactic Polarization), a été conduite avec un radiotélescope installé en Antarctique, en collaboration avec le satellite Planck. En 2014, l'équipe de chercheurs a annoncé bruyamment avoir réussi à trouver la trace de ces ondes, mais il s'est assez vite avéré qu'il s'agissait en fait d'une mauvaise interprétation des mesures.

Le principe utilisé qui a permis de révéler l'existence de ces ondes est finalement le même qui a servi à Michelson et Morley à la fin du 19ème siècle ! Il s'agit du principe d'interférométrie lumineuse qui exploite la formation de franges d'interférences sur deux parcours différents d'un même faisceau lumineux. Comme il faut une précision incroyablement plus importante, on s'est lancé dans la construction d'immenses interféromètres utilisant le summum des technologies laser avec deux branches perpendiculaires de 3 à 4 kilomètres de long. La précision recherchée revient à mesurer la distance Terre-Soleil à la dimension d'un atome près.

Plusieurs projets ont été lancés à la fin des années soixante pour donner naissance dans les années quatre-vingt-dix à deux centres LIGO (Laser Interferometer Gravitational-wave Observatory) aux USA, un sur la côte Est, l'autre à l'Ouest, et Virgo construit près de Pise issu d'une collaboration franco-italienne. En l'an 2000 ils n'avaient toujours pas réussi à donner des résultats exploitables pour cause de précision insuffisante. Il a fallu faire encore de gros investissements pour les améliorer et obtenir une précision dix fois meilleure. La nouvelle génération des LIGO a démarré en 2015 et Virgo a suivi en 2016. D'autres détecteurs sont en développement en Allemagne, au Japon et en Inde. En 2020, on espère pouvoir encore augmenter la précision d'un facteur dix.

L'acharnement a eu du bon : les détecteurs américains ont annoncé en septembre 2015 leur première détection d'ondes gravitationnelles provoquées par la coalescence de deux trous noirs. En août 2017, une coopération LIGO-Virgo a permis d'annoncer la détection d'ondes créées par la fusion de deux étoiles à neutrons. Cet évènement est d'autant plus exceptionnel que la source de ces ondes a pu être confirmée et localisée par des satellites détectant les rayons X et gamma émis par ce phénomène qui a engendré une énergie supérieure à l'énergie lumineuse de toutes les étoiles observables. Ainsi une coopération mondiale a permis pour la première fois d'observer un évènement cosmique dans des domaines très différents : celui des masses et des énergies et celui des ondes électromagnétiques. On peut même affirmer qu'une nouvelle astronomie est née et va fortement enrichir la moisson d'informations et de données sur l'univers.

Cette réussite prouve une fois de plus la validité de la relativité généralisée et a permis à l'ESA de confirmer, conjointement avec la NASA, son projet LISA (Laser Interferometer Space Antenna). Celui-ci va élargir considérablement la base de mesure, donc la précision. Les trois satellites qui le constitueront seront en effet au sommet d'un triangle équilatéral de 2,5 millions de kilomètres de côté, reliés par six faisceaux laser. Il faudra cependant patienter encore un peu puisque, si tout va bien, leur lancement aura lieu au mieux en 2034.

Pourquoi tous ces efforts scientifiques et financiers dans le domaine de la gravitation ? La première raison tient précisément à comprendre ce qu'est la gravitation. Faut-il rappeler que le Graal des physiciens consiste depuis plus d'un siècle à concilier la relativité généralisée et la mécanique quantique ? Le mystère de la gravitation quantique reste entier. La deuxième raison réside dans une meilleure connaissance de l'univers pour apporter quelques réponses aux nombreuses questions que se posent astrophysiciens et cosmologistes : que s'est-il passé au moment du Big Bang ? Comment notre univers va-t-il évoluer ? En quoi consistent exactement un trou noir, la matière noire, l'énergie sombre ? Il y a enfin des raisons plus pragmatiques, ne serait-ce qu'une plus grande précision du système GPS et de ses cousins. Si la précision centimétrique est devenue presque banale, c'est bien parce que l'on tient compte de deux effets prévus par Einstein : le décalage temporel relativiste entre les horloges basées à terre et celles embarquées sur satellites d'une part et le décalage gravitationnel des fréquences d'autre part. On retrouve donc la gravitation partout, et elle évolue non seulement en raison de la présence de masse et d'énergie, mais aussi en fonction du temps.

Gravitation et temps

La gravitation s'explique, à l'échelle cosmique, par une déformation de l'espace-temps. En clair, la gravitation et le temps sont interdépendants !

Le meilleur exemple est celui du trou noir. Il s'agit d'une singularité gravitationnelle c'est-à-dire un corps astral ponctuel dans lequel la gravité et la densité de matière sont quasiment infinies. Non seulement il agit comme un aspirateur géant de tout ce qui passe à proximité de lui : matière, gaz, étoiles et même la lumière (d'où son nom), rien ne lui échappe ! Imaginez un astronaute qui aurait le malheur de se présenter la tête la première sur son "horizon des évènements" au-delà duquel rien ne peut ressortir. Il commencerait par avoir la tête beaucoup plus lourde que ses pieds et à s'étirer comme un spaghetti avant de disparaître définitivement au fond ; le temps s'écoulerait aussi de plus en plus lentement, au point de s'arrêter carrément au fond de ce puits insondable. Ne posez pas la question de savoir ce qu'il peut y avoir au fond, on ne sait pas ! On sait seulement depuis peu que les trous noirs existent vraiment, qu'on peut les voir, qu'ils émettent un rayonnement (grâce à Stephen Hawking) et enfin qu'ils peuvent disparaître de notre univers dans un "plop" non énergétique et bien peu spectaculaire.

Cela voudrait-il dire qu'au fond d'un trou noir on trouve l'éternité, qui sait ? L'influence de la gravitation sur le temps n'est pas du tout intuitive et entretient l'aura mystérieuse qui règne autour de cette interaction dite fondamentale. Puisque plus la gravité augmente plus les secondes s'allongent, cela signifie que si vous vivez au fond d'une vallée votre montre ralentit par rapport à ceux qui vivent au sommet de la montagne voisine. J'aime citer l'exemple du sous-marinier qui a gagné une microseconde de vie par rapport à son camarade de la surface après avoir passé un an à 300 mètres de profondeur. Un séjour aux abords d'une étoile à neutrons serait beaucoup plus efficace puisque la gravité régnante y est si forte que le temps y est ralenti de l'ordre de 30% par rapport au temps terrestre

Dans l'exemple des jumeaux de Langevin, c'est la vitesse accélérée (équivalente à un accroissement de la gravitation) qui dilate le temps, le ralentit ; dans un champ gravitationnel, c'est l'accroissement de la pesanteur, donc de votre poids apparent, qui ralentit le temps. Mais que les personnes XXL ne se réjouissent pas trop vite : elles ne compensent pas vraiment leur handicap par une espérance de vie légèrement accrue grâce à cet effet. Le ralentissement du temps par augmentation de la vitesse ou de la gravitation est heureusement indétectable dans notre vie quotidienne, mais pas du tout pour les horloges les plus précises. Ces dernières sont capables aujourd'hui de mesurer des différences d'altitude de 1cm seulement, par le simple fait de la différence de gravité locale. Quant au ralentissement du temps, il a été confirmé par de multiples expériences de plus en plus précises.

L'interaction entre gravitation (ou accélération) et temps est la chose la moins intuitive de la relativité généralisée. C'est peut-être pour cette raison que l'on continue de parler du "paradoxe" des jumeaux qui était effectivement un paradoxe avec la relativité restreinte mais ne l'est plus aujourd'hui. Petite précision intéressante : toute l'énergie produite par les hommes, qu'elle soit d'origine nucléaire ou autre, ne suffirait pas à propulser l'engin du frère astronaute à une vitesse suffisamment proche de celle de la lumière pour qu'il y ait un décalage d'âge ne serait-ce que d'un mois entre les deux !

Ce qui est encore plus difficile à concevoir, c'est le fait qu'une masse importante, disons celle de la Terre, ralentit le temps autour d'elle, davantage au fond des océans qu'en altitude, et provoque de ce fait la chute des corps. À la surface de notre planète, les corps se meuvent naturellement en direction de l'endroit où le temps passe plus lentement, autrement dit vers le bas. On peut dire sans exagérer que c'est le ralentissement du temps qui fait tomber les pommes à nos pieds ! Et le temps s'écoule plus lentement pour nos pieds que pour notre cerveau, heureusement pour notre rapidité de compréhension, pour peu que l'on se tienne debout…

Le mystère demeure

Newton n'a fait que donner les moyens de quantifier les effets de la gravitation sans fournir une véritable explication, ce dont il était tout à fait conscient mais qui ne l'a pas empêché de qualifier ses lois d'universelles. Einstein a réussi à donner un début d'explication en créant la notion de courbure de l'espace-temps, mais il était conscient que sa loi n'était pas aussi universelle que cela. Malgré un travail acharné, il n'a pas réussi à la rendre compatible avec le monde atomique et ses lois quantiques. Quant au monde cosmique, ce n'est guère mieux. Il a souvent tergiversé sur la pertinence d'ajouter une constante cosmologique pour faire coller sa formule aux observations astronomiques. La discussion sur ce sujet est ainsi toujours ouverte pour expliquer les mouvements des galaxies et l'expansion accélérée de l'univers. Les notions de matière noire et d'énergie sombre sont des idées récemment créées pour essayer de trouver une alternative, toujours centrée sur la gravitation. Il n'est pas inutile de rappeler que la matière noire et l'énergie sombre représentent 95% de notre univers, ce qui veut dire que la matière "ordinaire" et sa part observable n'en constituent que 5%. Ce qui veut dire aussi que le mystère est grand !

On peut légitimement se demander pourquoi la force de gravitation ou plutôt "l'interaction de gravitation" la plus ancienne étudiée par l'Homme et la plus ressentie dans son quotidien n'a pas donné lieu à des avancées aussi rapides que les interactions électromagnétiques et nucléaires. L'Homme a toujours su la maîtriser pour ses besoins et l'exploiter habilement pour lancer des pierres, des flèches, des obus, des missiles et des satellites, mais pour trouver une explication il en est toujours réduit à émettre des hypothèses et bâtir des théories. On peut signaler ainsi la théorie émise par Whitehead vers 1924, en parallèle avec la relativité générale qu'elle ne contredit pas, mais elle s'est révélée moins puissante. Contrairement à Einstein, il a pu s'affranchir de toute hypothèse sur la vitesse de la lumière pour aboutir à une autre conception de l'espace-temps qui serait le siège d'un flux gravitationnel lequel tiendrait compte du passé et induirait donc la flèche du temps du passé vers le futur. Peut-être arriverons-nous un jour à savoir si le quantum de gravitation, le graviton, existe vraiment et si la gravitation quantique arrive à expliquer ce qui se passe au niveau des atomes, mais pour détecter le graviton il faudrait un accélérateur de la taille du système solaire ! Il n'est cependant pas impossible qu'on puisse le détecter un jour indirectement par un autre moyen, notamment dans le domaine des basses énergies.

La vraie question qui se pose aujourd'hui est de savoir si oui ou non la gravitation est quantique. Comme on le verra dans le chapitre suivant, la théorie de la gravitation quantique à boucles le présuppose mais elle n'a pas encore abouti. Des physiciens explorent d'autres voies en s'orientant vers des théories où la gravitation serait "semi-classique" par opposition aux autres interactions fondamentales qui, elles, sont quantiques. La gravitation est en effet la plus faible de toutes et il est pertinent de se demander ce qui peut la provoquer au niveau des particules. Au moins deux modèles de gravitation semi-classique sont à l'étude depuis 2014 et vont commencer à donner lieu à des expérimentations pour essayer de lever le doute.

Ces modèles sont compatibles avec la mécanique quantique et sa fameuse fonction d'onde qui donne la probabilité de trouver une particule en en lieu donné et à un instant t donné, dont on reparlera au chapitre 4. L'idée fondamentale de la mécanique quantique repose sur le fait que toute mesure faite sur une particule pour vérifier sa position, sa vitesse ou son spin, "détruit" cette fonction d'onde et fait passer cette particule du domaine probabiliste au domaine réel, lui faisant perdre ipso facto ses qualités quantiques. La gravitation semi-classique repose sur l'idée que cet effondrement de la fonction d'onde n'est pas seulement provoqué par une mesure mais peut se produire de manière spontanée et aléatoire en créant un micro champ gravitationnel.

Ce phénomène aléatoire, appelé "flash" bien qu'il ne soit en rien lumineux, serait rare, mais étant donné le nombre d'atomes contenus dans un corps quelconque (il y en a en moyenne 10^{14} dans une simple cellule de notre corps) il devient important à notre échelle, provoquant le champ gravitationnel classique. La gravité émergerait en quelque sorte de processus quantiques pour rentrer dans le domaine de l'espace-temps, relativiste mais plus classique.

Il y a donc encore beaucoup de points obscurs dans la gravitation et on doit à Einstein la seule théorie qui a permis de faire un pas de géant sur la question ; les autres théories, très nombreuses, sont toujours en gestation et certaines vont pouvoir donner lieu à des vérifications expérimentales. La théorie est une chose, son interprétation en est une autre ; c'est par dizaines qu'il faut compter les interprétations de la physique quantique. On ne les verra pas toutes, rassurez-vous, vous aurez droit seulement à un survol synthétique des plus abouties dans le chapitre 4.

En attendant, heureusement que la gravitation est omniprésente car sans elle nous n'existerions pas ! Notre atmosphère se serait dissipée dans le vide, la Terre ne tournerait plus autour du Soleil et le Soleil lui-même n'aurait pas pu se former, de même que toutes les étoiles.

Gravitation et temps sont intimement liés, comme on vient de le voir, mais restent tous deux de nature profondément mystérieuse. Il y a encore beaucoup de pain sur la planche pour les théoriciens et les physiciens.

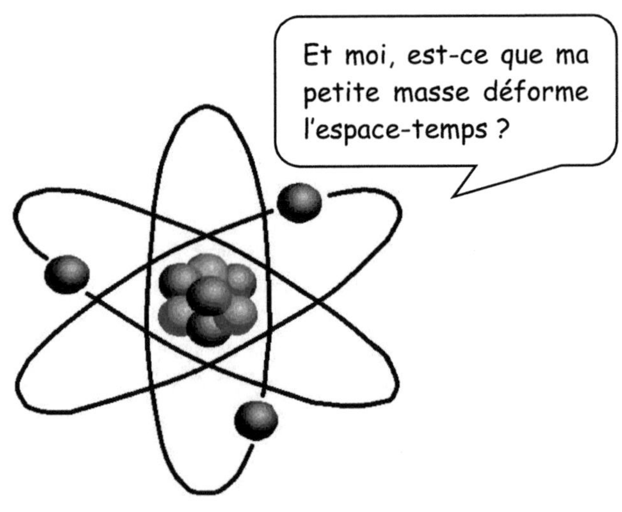

3. LE TEMPS

« Le temps met tout en lumière. »

Thalès

« Ne pas parler du temps serait passer sous silence la clé de toute vie et du monde. »

Jean d'Ormesson
(*Un jour je m'en irai sans en avoir tout dit*)

Qu'est-ce que le temps ?

Avant toute chose il faut préciser de quel temps on parle. Il y en a en effet une multitude, je n'en citerai que quelques-uns avant de les reléguer dans un ailleurs philosophico-métaphysique.

Il ne sera donc pas question ici du temps littéraire, musical, poétique, historique, philosophique et encore moins météorologique. Chacun de ces domaines a son propre intérêt et sa propre perception du temps mais qui n'a pas grand-chose à voir avec le temps physique, le seul qui sera abordé ici.

Je ferai une courte exception cependant pour le temps "humain", plus exactement biologique car il concerne aussi la faune et la flore. C'est le temps le plus proche du réel, celui qui est vécu, éprouvé, animé par les cycles circadiens, indépendant de la pensée. On ne le perçoit pas directement par nos sens mais il est ressenti dans nos organes par les manifestations du sommeil, les battements de cœur, les souvenirs, la conscience du vieillissement. Cette notion de temps reste vague mais elle peut être quantifiée approximativement, souvent en fonction des alternances jour/nuit, des marées, des lunaisons, des saisons. C'est le temps le plus "corporel" de tous, mais pas celui qui nous intéressera ici. Il fait l'objet d'études très sérieuses qu'on appelle la chronomédecine et par laquelle on découvre que des gènes peuvent manipuler des données chronologiques. C'est ainsi que dans le corps humain nos cellules savent déclencher leur mort à une date programmée dans les gènes, phénomène qu'on appelle l'apoptose. C'est peut-être la question la plus intéressante : comment le vivant peut-il coder le temps ? On verra plus loin que le temps est inscrit dans la matière inerte, mais il est remarquable qu'il soit aussi inscrit dans la matière vivante.

Beaucoup d'ouvrages parlent très bien de l'histoire du temps et je n'y reviendrai pas sauf pour préciser que les premiers à se poser des questions scientifiques sur le temps ont été Aristote et Zénon d'Elée. Le premier s'est demandé quelle pouvait être la définition d'un instant et quel pouvait être le plus petit constituant du temps. Le deuxième est resté célèbre par ses quatre arguments que l'on peut qualifier de premiers paradoxes temporels : dichotomie du temps, Achille et la tortue, course sur le stade et la flèche immobile. Il y eut d'autres Anciens célèbres qui se sont aussi penchés sur la question du temps mais plutôt sur le plan philosophique. C'est l'astronomie qui a donné le véritable coup d'envoi à une première approche scientifique du temps.

Le temps astronomique ou sidéral a été en effet le premier temps mesurable de façon vraiment scientifique, indépendamment du ressenti ou de nos gènes. Les Egyptiens et les Grecs anciens le maîtrisaient déjà très bien et ont inventé les premiers instruments de mesure comme les cadrans solaires, les clepsydres et les sabliers. Ce temps, basé sur les mouvements de la Terre (plus exactement du Soleil à cette époque), est toujours utilisé aujourd'hui car c'est celui de nos calendriers. Il permet le calcul des âges, des saisons, des passages de comètes, des éclipses, etc. C'est le temps le plus utile dans la vie quotidienne et celui de prédilection des astronomes comme son nom pouvait le laisser supposer. C'est lui aussi qui a donné lieu à la première définition de la seconde (rappelez-vous : la $1/86400^{\text{ème}}$ partie du jour solaire moyen). Il est utilisé aujourd'hui sous la forme de Temps UTC, c'est-à-dire le

Temps Universel Coordonné en français, qui est celui qu'affichent toutes les montres et les horloges publiques du monde entier.

Le temps absolu ou universel est celui qui intervient dans les théories physiques et les formules, à commencer par celles de la mécanique. Il apparaît dans de nombreuses formules sous la forme de la fameuse variable t que l'on utilise toujours aujourd'hui, ne serait-ce que dans les problèmes de croisement de trains des écoliers. Il permet de relier des valeurs fondamentales comme la distance et la vitesse (vitesse = longueur / temps) et son unité fondamentale est, bien sûr, la seconde. On l'a appelé aussi temps "newtonien" car c'est Newton qui lui a attribué le qualificatif d'absolu en décrétant qu'il était le même en tous points de l'univers. On va voir que cette idée est fausse, mais elle nous a tellement imprégnés qu'elle nous influence encore aujourd'hui.

Le temps physique, ou relativiste, ou temps propre, a été introduit par Einstein avec sa relativité généralisée. C'est là que tout commence à se compliquer sérieusement ! Il a en effet provoqué deux révolutions. D'abord l'espace et le temps deviennent intimement liés, au point que le temps devient la quatrième dimension de notre espace. D'ailleurs le temps mesure aussi bien un espace (se rappeler la définition de l'année-lumière) que l'espace permet de définir un temps : la seconde est aujourd'hui définie comme un multiple de la période d'une radiation émise par un atome de césium 133, autrement dit une onde. C'est ce qui a donné lieu à la création du Temps Atomique International, TAI. La deuxième révolution provoquée par la relativité générale tient au fait qu'il devient impossible de synchroniser deux horloges. Deux mobiles ne peuvent pas avoir le même temps, chacun a son temps propre, à l'image des jumeaux de Langevin. De ce fait, il est illusoire de définir un temps commun pour tout l'univers : chacun de ses objets a son temps propre, exit le temps absolu !

Le temps quantique est celui qui règne au niveau des particules élémentaires. Et c'est là que le bât blesse : on ne sait pas du tout ce qu'il est à ce niveau-là. On a bien défini le temps de Planck 10^{-43} seconde, qui correspond au temps que met un photon pour parcourir la longueur de Planck dans le vide, c'est le plus petit temps, plus exactement la plus petite durée, mesurable. On ne pourra jamais l'atteindre et encore moins aller au-delà de ce "mur", et on n'a aucune idée de ce qu'est véritablement le temps à ce niveau élémentaire. Ce qui n'empêche pas de penser qu'il puisse exister un quantum de temps.

Après ce rapide tour d'horizon sur les différents temps, revenons au problème qui nous préoccupe, à savoir la nature profonde du temps ; qu'est-ce que le temps ? Les réflexions humaines sur le temps sont au moins aussi anciennes que celles sur la gravitation. Dès l'Antiquité on s'intéressait à la trilogie passé-présent-avenir, mais les approches des savants, ou plutôt leurs motivations ont été très différentes dans ces deux domaines. En ce qui concerne la gravitation, c'est l'art de la guerre et l'astronomie qui ont développé les connaissances, mais, en matière de temps, ce sont les philosophes, les sages et les religieux qui s'y sont le plus intéressés. L'explication tient peut-être au fait que les hommes ont toujours compris qu'ils ne pouvaient avoir aucune influence sur le déroulement du temps et qu'il leur était impossible d'avoir la moindre action sur lui pour améliorer leurs conditions de vie ou gagner des guerres. En conséquence les savants n'ont fait que développer les instruments de mesure du temps, surtout pour des besoins de prévisions astronomiques et de précision de navigation, tout comme aujourd'hui avec les systèmes de navigation par satellite !

On peut dire que le temps a toujours été subi et que l'on a considéré la capacité de pouvoir le mesurer comme la seule utile à quelque chose. Tout le monde savait ce qu'était le temps, donc à quoi bon chercher à comprendre sa nature profonde ? C'est un peu ce que disait Saint Augustin dans sa célèbre citation : « Qu'est-ce que le temps ? Si personne ne me le demande, je sais ; dès qu'il s'agit de l'exprimer je ne le sais plus. » (Saint Augustin : *Confessions* – livre XI,14).

Pourtant la liste des questions sur la nature du temps ne cesse de s'allonger…au fil du temps. Certaines sont très anciennes, d'autres beaucoup plus récentes :

- Le temps existe-t-il vraiment ou est-ce une simple conception de l'esprit ?
- Le temps a-t-il un commencement, aura-t-il une fin ?
- Le temps est-il le même partout, dans tout l'univers ?
- La seconde est-elle vraiment une constante ?
- Peut-on mesurer le temps avec une précision toujours plus grande ?
- Le temps est-il réversible ?
- Le temps est-il quantique ?
- Le temps peut-il être négatif ?

Je ne reviendrai pas sur certaines de ces questions pour lesquelles j'ai déjà donné des éléments de réponse dans un autre ouvrage[1], mais certaines méritent quelques précisions ou mises à jour.

Concernant l'existence même du temps, l'idée prévaut encore que son écoulement ne peut être observé que par un être pensant et n'est donc qu'une création de l'esprit. C'est ce qui a pu faire dire à Bergson, pour ne citer que lui : « Le temps est le temps vécu de la conscience ». De nos jours, la controverse continue y compris dans les milieux scientifiques de haut niveau. J'ai été frappé par la parution de deux livres chez Dunod en 2014, l'un intitulé : *La renaissance du temps,* de Lee Smolin, l'autre au titre provocateur : *Et si le temps n'existait pas ?* de Carlo Rovelli ; je n'hésite pas à recommander leur lecture. Quand on sait qu'il s'agit de deux chercheurs de réputation mondiale et que le second a été un collaborateur du premier pendant plusieurs années, on est en droit de se poser des questions.

Pour la petite histoire, ces deux physiciens ont travaillé ensemble pour mettre sur pied la théorie de la gravité quantique à boucles. Le premier a opté pour la réalité du temps et même de l'espace-temps. Le second, arguant du fait que le paramètre t ne figure pas dans les équations de la physique quantique, pense que le déroulement du temps n'a aucune influence sur les évènements du monde quantique, ce qui n'est pas encore prouvé. Cela dit il ne va pas jusqu'à nier la réalité du temps dans le monde macroscopique et émet l'hypothèse que le temps émerge du monde quantique ; on y reviendra.

---

1   *La particule de temps*, BOD 2019

Le premier qui a donné une réalité scientifique au temps est encore Einstein qui l'a promu au rang de quatrième dimension de notre espace. Ce n'est plus une simple unité de mesure. Le seul problème est que le temps nous semble toujours aussi immatériel et insaisissable : autant on peut aller à gauche ou à droite, en haut ou en bas dans l'espace, autant il est impossible d'aller en avant ou en arrière dans le temps, du moins jusqu'à présent. Là, on aborde la question de la flèche du temps qui va faire l'objet du prochain sous-chapitre.

Les philosophes et les scientifiques sont toujours partagés sur la question de la réalité du temps. Il n'y a qu'une seule chose qui semble à peu près généralement admise, c'est que le temps n'est pas une simple conception de l'esprit humain. L'affirmer serait une nouvelle fois faire preuve d'une vision par trop entachée d'anthropocentrisme. L'univers, par exemple, n'a pas attendu l'apparition de l'Homme pour se développer, au point qu'on a même pu lui donner un âge : 13,8 milliards d'années. Ce n'est pas la pensée qui fait le temps : les mondes animal, végétal et minéral connaissent aussi le temps et en subissent les conséquences sans se poser de question sur son existence ! Alors, si le temps n'est pas créé par la pensée, quel est son moteur ?

"Moteur" est le mot le plus pertinent car il sous-entend que quelque chose bouge, plus exactement évolue. Le temps est en effet indissociable du mouvement. Il faut qu'il y ait un changement quelconque pour que l'on puisse parler de temps : le mouvement apparent du Soleil dans le ciel, un être vivant qui se déplace, un minéral qui change de forme ou de couleur, etc. Si tout est figé, il n'y a plus de temps, mais que cela signifierait-il ? Il semble impossible d'imaginer un monde physique totalement immobile comme sur une photo, sans lumière ni onde d'aucune sorte et avec des atomes et leurs nuages d'électrons complètement figés. En bref ce serait un monde bien noir et complètement désert. L'éternité serait-elle l'absence de temps ?

La plupart des physiciens s'accordent à penser aujourd'hui que, si le flux du temps peut sembler irréel, le temps lui-même est aussi réel que l'espace. Ils sont cependant incapables de dire ce qui constitue le temps. Le mystère de la nature du temps reste entier.

La flèche du temps

Il y a un deuxième mystère attaché au temps tout aussi troublant que sa consistance ou son moteur : pourquoi va-t-il toujours dans le même sens, du passé vers l'avenir ? Pourquoi ne pourrait-on pas le remonter ? Que se passerait-il si vous remontiez dans votre passé pour occire vos géniteurs ? Derrière cette question se cache la notion de causalité et remonter le temps reviendrait à dire que l'effet pourrait arriver avant sa cause. Cela nous semble impossible, pourtant ce n'est pas une utopie puisqu'on peut l'observer dans le monde quantique comme on le verra plus loin. Alors pourquoi cette flèche apparente et incontournable dans le domaine macroscopique ?

Une explication souvent avancée, tout à fait crédible, consiste à dire que la flèche du temps est une caractéristique émergente du monde des particules, c'est-à-dire qu'elle serait en quelque sorte une moyenne de ce qui se passe au niveau microscopique. Un peu comme la température d'un gaz est une caractéristique émergente de son agitation moléculaire.

Le deuxième principe de la thermodynamique nous apprend en effet que l'échange de chaleur ou d'énergie, à notre échelle, ne peut aller que de la source chaude vers la source froide. Ce sens unique fait que dans un moteur thermique la source chaude se refroidit tandis que la source froide se réchauffe. Le sillage d'un bateau est plus chaud que la mer ambiante et il est impossible d'inventer un bateau qui avancerait en laissant un sillage de glace derrière lui. À très petite échelle, cela n'empêche pas qu'il y ait des exceptions, mais à l'échelle macroscopique, nos lois physiques ne font aucune exception à cette règle. Il y a une autre loi aussi à sens unique : l'entropie d'un système, c'est-à-dire son degré de désordre, ne peut que croître. La flèche du temps obéirait donc à une loi du même genre, ce serait une sorte de "temps thermique". Le temps et sa flèche pourraient donc être considérés comme une qualité émergente du monde atomique. Cela n'interdit pas qu'il puisse se passer des choses étranges au niveau inférieur. On peut citer deux exemples à l'appui.

Le positron, l'antiparticule de l'électron conjecturé par Paul Dirac en 1931 et détecté pour la première fois l'année suivante, est souvent considéré encore aujourd'hui comme un électron qui remonte le temps. Toute antiparticule pourrait aussi être considérée comme une particule remontant le temps, mais le positron est un des rares que l'on peut trouver dans la nature, dans les rayons cosmiques par exemple. C'est d'ailleurs un des mystères du Big Bang : qu'est devenue l'antimatière qui constituait à l'origine 50% du plasma initial et a disparu très tôt dans le processus de création de l'univers ?

Deuxième exemple : des expériences conduites en l'an 2000 et largement réitérées depuis sous l'appellation lumineuse "gomme quantique à choix retardé", semblent indiquer que des photons sont capables d'agir sur leur passé en modifiant leur trajectoire ayant précédé la mesure ! De manière schématique : en s'appuyant sur le passage d'un photon unique (on sait le faire) à travers un écran à deux fentes, un photon qu'on oblige à passer par la fente de gauche se fait détecter in fine comme étant passé par la fente de droite, comme si la mesure finale avait modifié son parcours antérieur.

Depuis les années quatre-vingt, des expériences on ne peut plus sérieuses ont été conduites pour essayer de savoir s'il pouvait y avoir une flèche du temps au niveau des particules. Plusieurs cas ont pu être mis en évidence indiquant l'existence possible de cette flèche appelée "dissymétrie temporelle". L'expérience CPLEAR a permis au CERN de le démontrer avec des kaons, des particules qui ont la particularité de pouvoir se transformer en leurs antiparticules et inversement. Les kaons oscillent entre ces deux états en transgressant le principe de la conservation de la symétrie CPT (Charge, Parité et Temps), preuve que le temps ne se déroule pas de la même manière dans un sens ou dans l'autre. Le laboratoire américain Fermi a confirmé ce résultat en 1998 en utilisant une technique différente. En 2012, l'expérience BaBar réalisée à Stanford en Californie, a aussi confirmé cette asymétrie en utilisant les particules "mésons B". Il semble donc établi qu'une flèche du temps existe bien au niveau microscopique.

Les expérimentations continuent à travers le monde pour savoir notamment si cette micro flèche du temps n'aurait pas pour origine la gravitation. L'expérience Gbar menée au CERN utilise un décélérateur d'antiprotons pour mesurer l'effet de la gravitation et comparer la chute d'un noyau d'hydrogène et celle de son antiparticule. D'autres expériences ont lieu pour détecter s'il y a bien une antigravité, les résultats sont attendus vers 2021. Le lien entre la gravitation, le temps et le monde quantique devient donc bien une réalité scientifique.

Notre univers est presque intégralement constitué de particules dont émerge la fameuse flèche du temps. Rien n'empêche à ce stade d'imaginer un anti-univers entièrement constitué d'antiparticules (celles disparues lors du Big Bang ?) qui subirait donc une flèche du temps inverse de la nôtre, en espérant qu'il ne rencontre jamais notre univers, sinon il y aurait un magnifique feu d'artifice dans une débauche d'énergie.

Pour résumer notre approche du temps, une date constitue un simple repère alors que la durée est la mesure du temps qui sépare deux dates, deux évènements, et la flèche du temps est induite par la causalité c'est-à-dire l'ordre dans lequel ils se déroulent lorsque l'un est la conséquence d'un autre. Il faut bien parler de "conséquence" car le terme "chronologie" peut se référer à des évènements qui n'ont rien à voir entre eux et reste donc beaucoup plus vague. Il faut aussi réaliser que les notions d'antériorité et de postériorité deviennent très délicates à manipuler à l'heure de la relativité générale. Lorsque les jumeaux de Langevin se retrouvent, on pourrait croire que le plus âgé est né des années après l'autre, ce qui est faux.

Grâce à la relativité générale, on sait que le présent n'est pas le même pour tout le monde. Un homme sur la Terre, un sur la Lune et un autre qui file à des milliers de km/s dans son engin spatial ne pourront jamais synchroniser leurs montres ; ils ne vivent pas dans le même temps mais dans leur temps propre. On peut aller jusqu'à dire que le présent n'existe pas ; il est tellement fugace qu'au moment où on en parle, il est déjà passé ! Le terme de "passé" est tout aussi trompeur car il a une connotation beaucoup trop humaine et peut relier deux évènements qui n'ont rien à voir entre eux. Il fait appel à une fonction "mémoire" qui suppose un souvenir ou un système d'enregistrement exploité par une intelligence. La nature enregistre une multitude d'évènements : les cratères de la surface lunaire, les cernes de croissance des arbres, les proportions de carbone 14, mais elle ne fait pas appel à ces notions de passé-présent-futur. Le temps qui nous intéresse est donc bel et bien lié, non pas à notre mémoire (laissons aux neurosciences et aux sciences de l'information le soin de s'en occuper), mais à un mouvement, une évolution ; sa flèche ne fait que préciser son sens.

Au niveau des particules on a vu que cette flèche pouvait perdre sa signification d'antériorité ou de causalité. C'est cette considération qui a permis à l'Américain Richard Feynman (prix Nobel de physique en 1965) de révolutionner la physique des particules en imaginant une représentation symbolique très imagée, toujours très utilisée, de toutes les interactions connues entre particules. Ses diagrammes ont le temps en abscisse et peuvent se lire de gauche à droite ou de droite à gauche.

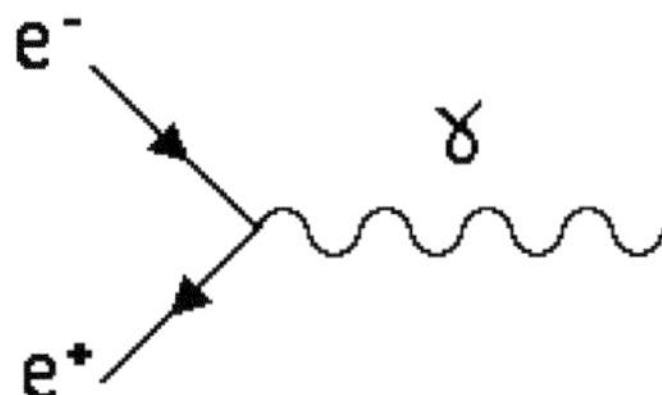

Ici, par exemple, on peut le lire comme un électron et un positron qui se rencontrent en donnant naissance à un photon énergétique ; mais on peut le lire aussi en sens inverse : un gamma énergétique peut donner naissance à un électron et son antiparticule. Les deux cas sont observés. La flèche du temps y est en quelque sorte réversible.

De ce grouillement temporel et quantique des particules il est concevable qu'il puisse se dégager une flèche du temps à notre échelle. Elle se dégagerait de la même manière que la température ou l'entropie d'un système émerge des évolutions de ses constituants plus petits. L'émergence de cette flèche macroscopique est d'autant plus crédible qu'elle semble exister aussi, comme on vient de le voir au niveau des particules. Elle indique donc, à notre niveau, un sens de l'évolution inéluctable, un ordre de succession d'une cause et de son effet, mais rien de plus et surtout pas un mouvement du temps.

La mesure du temps n'en tient d'ailleurs pas compte et ne porte que sur la durée. En toute rigueur, puisqu'on a déjà observé le cas de particules qui peuvent remonter le temps, on pourrait même attribuer un signe au temps et parler de temps négatif. Mais ce n'est pas cette simple considération qui nous permettra de voyager dans le passé : nous ne sommes pas près de piloter le sens de cette flèche !

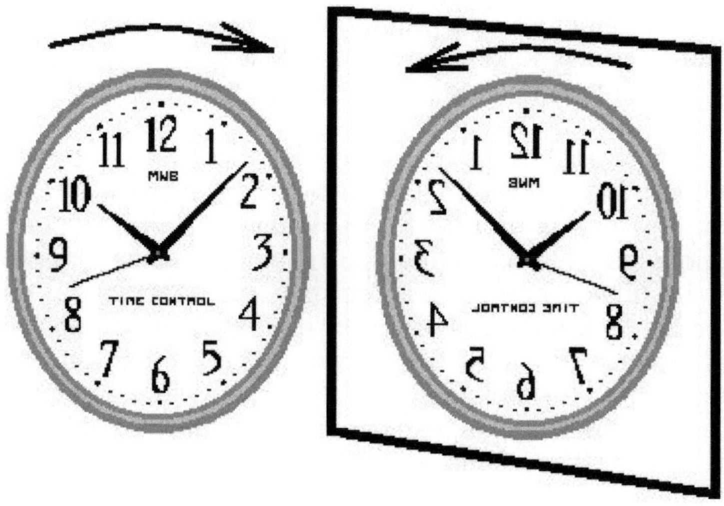

La mesure du temps

Quand on parle de mesure du temps, il faut bien voir qu'il s'agit de l'écoulement du temps, donc d'une durée. Depuis l'Antiquité l'Homme s'est employé à mesurer le temps surtout pour cadencer sa vie quotidienne puis pour obtenir de meilleures performances dans des domaines comme l'astronomie, la mécanique, la navigation, la balistique, etc. Les premiers instruments ont été le gnomon, le cadran solaire, le sablier et la clepsydre qui permettaient déjà une précision de l'ordre de la minute. Beaucoup plus tard il y a eu les astrolabes et les horloges à bougie ou à feu. Mais il a fallu attendre le 14ème siècle pour avoir les premières horloges mécaniques qui se sont rapidement développées de manière prodigieuse avec les grandes explorations maritimes. Elles ont assez vite été capables de mesurer la seconde et étaient surtout utilisées comme "garde-temps", seul moyen d'avoir une bonne précision sur la longitude. Le 20ème siècle a vu naître les oscillateurs à quartz et les horloges atomiques. Ces dernières ont permis d'atteindre des précisions extraordinaires qui ne cessent de s'améliorer pour les besoins des physiciens, de l'astronautique et des moyens de calcul associés.

Il est intéressant de constater que tous les moyens antérieurs à l'arrivée de l'électricité, à l'exception du feu, font intervenir la gravitation. Les moyens astronomiques comme les cadrans solaires ou les astrolabes se fondent sur les orbites des astres. Les moyens mécaniques, de l'écoulement du sable ou de l'eau jusqu'à la montre automatique qui n'a pas besoin d'être remontée, en passant par le pendule simple de Galilée, les balanciers et autres métronomes, exploitent tous la gravitation sous une forme ou sous une autre. Une preuve de plus que le temps et la gravitation sont intimement mêlés. Ce lien est plus subtil avec les horloges à quartz et atomiques qui utilisent les propriétés ondulatoires de la matière. On entre avec elles dans le domaine quantique dans lequel on se demande précisément comment intervient la gravitation. Dans cette évolution des instruments de mesure du temps à travers les âges on est passé progressivement d'une échelle terrestre à une échelle atomique. Ce passage est encore plus flagrant quand on regarde l'histoire de la définition de la seconde.

En 1889 la seconde a été définie comme la 1/86400ème partie du jour solaire terrestre moyen, c'est-à-dire qu'elle était directement liée au mouvement de la Terre. En 1956 une nouvelle définition plus précise a été donnée, toujours liée à la Terre : la seconde est devenue la 1/31556925,9747^{ème} partie de l'année tropique 1900. Le Temps Universel Coordonné était créé et avait l'avantage de bien convenir aux astronomes pour les prévisions de saisons, de durée de révolution de la Terre autour du Soleil, de la position de tous les astres en général. Il convenait un peu moins à notre calendrier géorgien, arrondi donc approximatif, mais il n'a pas besoin d'une grosse précision et se resynchronise assez facilement à coups d'années bissextiles. C'est toujours le TUC (UTC en anglais) qui est utilisé couramment aujourd'hui pour nos montres, nos PC, les lieux publics, à commencer par les gares et les aéroports.

Suite à l'avènement des premières horloges atomiques au début des années cinquante, la seconde a perdu sa référence terrestre en 1967 et a été liée à une propriété atomique précise : « La seconde est la durée de 9 192 631 770 périodes de la radiation correspondant à la transition entre deux niveaux hyperfins de l'état fondamental de l'atome de césium 133 à la température du zéro absolu ». De plus en plus dur à retenir pour les lycéens ! C'est ce qui a donné lieu à la naissance du TAI, Temps Atomique International. Cette définition permet d'atteindre une précision sur la seconde allant jusqu'à la quatorzième décimale (10^{-14}). Elle signifie en clair que les temps affichés par deux horloges atomiques indépendantes ne divergeront d'une seconde qu'au bout de plusieurs centaines de millions d'années.

Par ce changement de référence, on a créé un nouveau problème : la rotation de la Terre n'est pas régulière et a une fâcheuse tendance à ralentir en créant de ce fait un décalage entre les deux références. Les astronomes restent accrochés au TUC et à notre calendrier, aussi imparfait soit-il, alors que les physiciens ainsi que de nombreux chercheurs et techniciens, surtout chez les exploitants de satellites et dans l'industrie spatiale, ne connaissent plus maintenant que le TAI. La référence atomique étant plus régulière et plus précise, il devient nécessaire de recaler de temps à autre le TUC, pourtant mondialement répandu, en lui ajoutant une seconde dite "intercalaire", ceci au même moment à toutes les horloges du monde entier, et à tous les ordinateurs du monde aussi, mais rassurez-vous pour votre PC, Windows la prend en charge automatiquement. Une tentative a été faite en 2019 pour accorder les deux systèmes, mais, faute d'accord international, elle n'a pas abouti et sera renouvelée en 2023. D'ici là on continuera à ajouter de temps à autre une seconde intercalaire au TUC, pas trop souvent heureusement : tous les 2 ans en moyenne puisqu'il n'y en a eu que 27 depuis 1972.

La seconde est une des sept unités fondamentales du Système International d'unités (SI). Or le SI a subi en

2019 une petite révolution que l'on peut qualifier d'historique (voir encadré ci-dessous). Elle n'a pas impacté la seconde qui était déjà l'unité la plus précisément définie.

Le nouveau Système International (20 mai 2019**)**

Le SI comporte sept unités fondamentales qui ont été redéfinies pour obtenir une précision et une reproductibilité les plus élevées possible. Les définitions du kilogramme, de l'ampère, du degré kelvin et de la mole ont été rattachées à une valeur fixée de certaines constantes, respectivement la constante de Planck, la charge élémentaire de l'électron, la constante de Boltzmann et le nombre d'Avogadro. Les définitions de la seconde, du mètre et de la candela ont été simplement ajustées.

Il est intéressant de remarquer que les deux unités de base utilisées pour construire les repères de l'espace-temps, le mètre et la seconde, sont intimement liées. On a vu que la définition de la seconde est rattachée à une longueur d'onde atomique précise, donc à une distance. Le mètre, l'unité de distance, est maintenant défini comme la longueur du trajet parcouru par la lumière dans le vide pendant une durée de $1/299\ 792\ 458^{ème}$ de seconde. Ces deux définitions sont pour ainsi dire auto-référencées, encore un signe que l'espace-temps est un tout indissociable !

La définition de la seconde assure donc toujours une précision de 10^{-14}, mais pourquoi cette course à la précision ? Dans la vie de tous les jours c'est surtout le besoin mondial de précision dans le géoréférencement qui est moteur, mais aussi le perfectionnement incessant des moyens informatiques pour la rapidité des calculs et des télécommunications. Les systèmes de navigation par satellites qui utilisent de 20 à 30 satellites chacun sont maintenant nombreux et très performants grâce à l'ultra précision de leurs horloges embarquées ou à terre. Le premier de tous, le système américain Navstar a été créé en 1973 pour des besoins militaires, puis a été supplanté par le GPS qui a été complètement opérationnel en 1995. Il est maintenant concurrencé par le GLONASS russe, le Galiléo européen, sans oublier le Beidou-2 chinois. En fait ces systèmes ne sont pas réellement en concurrence puisqu'ils peuvent être utilisés en mode coopératif, ils sont alors rassemblés sous le sigle de GNSS (Global Navigation Satellite System). La précision obtenue par un petit récepteur qui tient dans la poche atteint maintenant couramment la dizaine de centimètres et peut même être inférieure au centimètre à condition d'y mettre un peu le prix et que l'utilisation soit de préférence statique. Savez-vous, par exemple, que la plupart des moissonneuses modernes sont maintenant en pilotage automatique et manœuvrent mieux qu'en manuel ? Pas le moindre m^2 de champ ne leur échappe ! Même les smartphones de dernière génération proposent maintenant des services GNSS de positionnement précis au mètre près.

La seconde est indubitablement l'unité fondamentale que l'on mesure avec la plus grande précision et la course au perfectionnement des horloges va encore plus loin. Les horloges atomiques sont aujourd'hui dépassées par les horloges optiques et les horloges à fontaine d'atomes froids dont la précision peut aller jusqu'à 10^{-18} seconde ! Pour imaginer ce que peut représenter ce chiffre avec 18 zéros après la virgule il faut le comparer, dans l'autre sens, à l'âge de l'univers exprimé en secondes : $4,3.10^{17}$s. Dit autrement, ces horloges ne peuvent pas prendre un écart supérieur à la demi-seconde depuis la création de l'univers, pour peu qu'elles aient fonctionné dès le Big Bang ! Ce sont des monstres de technologie et il y en a peu dans le monde. Elles servent en effet surtout à la recherche fondamentale et aux laboratoires de physique nucléaire ou quantique et sont pour la plupart mises en réseau pour se contrôler entre elles. Malheureusement elles ne nous ont pas fait beaucoup progresser en matière de recherche sur le temps lui-même, du moins pour le moment.

A force d'aller vers des précisions de plus en plus extraordinaires, on va peut-être finir par se heurter à un petit problème quantique comme illustré ci-dessous. Pour mesurer la seconde on se base en effet sur un phénomène périodique, comparable dans le principe à un antique pendule.

Le pendule part de la position 1, va en 2, puis revient à sa position initiale 1 (voir la figure page suivante) et peut battre ainsi la seconde si sa longueur est bien ajustée. Sa précision et sa justesse au fil du temps tiennent au fait qu'il revient toujours exactement à sa position initiale. Dans la pratique, on sait que le mouvement n'est pas éternel et qu'il ne reviendra pas tout à fait à sa position initiale à cause des frottements à son point d'ancrage et sous le simple effet de la résistance de l'air. Au bout d'un certain temps il ralentira, allant même jusqu'à son arrêt final, et la seconde qu'il est censé mesurer aura une fâcheuse tendance à s'allonger.

Prenons maintenant une horloge atomique dernier cri qui va mesurer la seconde comme un multiple d'une longueur d'onde bien précise (voir la définition page 57). Cette onde est schématisée sous forme d'une sinusoïde. Comme pour le pendule, pour qu'elle soit exacte et fidèle, il faut que le temps mesuré entre deux crêtes ne change pas, donc que les états "A" successifs soient rigoureusement identiques à l'état initial A_0. Si ce n'est pas le cas la durée mesurée ne peut pas être constante. Est-ce bien le cas du rayonnement de l'atome de césium ? On l'espère,   mais cette mesure étalon ne pourra être exacte et constante dans le temps qu'à deux conditions :

1. La durée écoulée du basculement de l'état A vers l'état B sera toujours la même et identique de B vers A.
2. Le retour à l'état A doit être rigoureusement identique à l'état initial A_0.

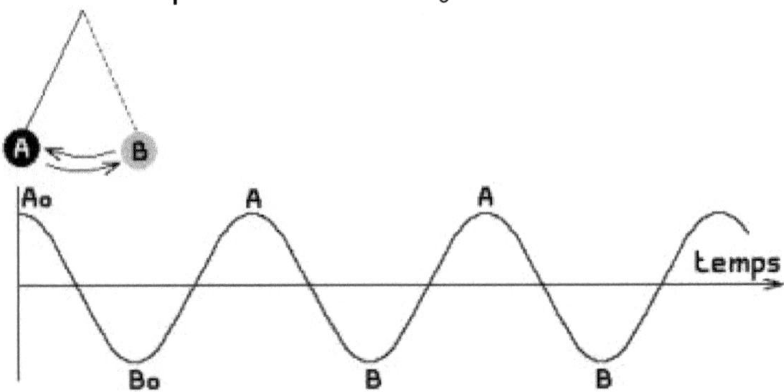

Cette dernière condition est essentielle, sinon la seconde mesurée ne sera pas constante au fil du temps. Or la loi de l'entropie prêche pour une dégradation inéluctable du système : le énième état A_n, ne peut pas être tout à fait identique à l'état initial A_0. L'atome de référence A_n ne peut pas être identique à ce qu'il était en A_0, ne serait-ce que parce que les électrons ont changé d'endroit et de vitesse. On sait aussi que la modification peut être brutale dans le cas d'atomes ou de particules qui ont une durée de vie limitée en raison du phénomène de désintégration naturelle. Savez-vous que la durée de vie moyenne d'un neutron libre est d'une quinzaine de minutes ? Ce constat peut expliquer la raison pour laquelle on s'intéresse avec grande angoisse à la désintégration du proton qui annoncerait tout simplement la disparition de notre univers ! Heureusement pour le genre humain on pense que sa durée de vie est supérieure à 10^{31} années.

Quelles seraient les conséquences si la seconde n'était pas constante ? D'abord l'âge de l'univers que l'on affiche partout ne pourrait pas être exact. Ensuite la vitesse de la lumière ne serait pas constante non plus, ce qui peut être très gênant pour la relativité générale.

Il est certain que la relativité a rendu obsolètes les notions de temps absolu et universel imprudemment affirmées par Newton. En partant du principe que rien ne peut dépasser la vitesse de la lumière, Einstein a démontré que le temps est relatif et qu'il est impossible de synchroniser deux évènements.

La disparition de la simultanéité est une conséquence de la relativité restreinte et s'applique à des référentiels animés d'un mouvement uniforme, donc non accélérés. Aux vitesses et distances ordinaires elle passe inaperçue mais quand il s'agit d'ondes lumineuses ou électromagnétiques qui se déplacent à la vitesse de la lumière et de distances très importantes, cette impossibilité de synchroniser deux évènements ou observateurs peut devenir problématique.

Dans le cas des ondes radio cette difficulté est peu perceptible lorsque les interlocuteurs sont proches, mais devient observable lorsque, par exemple, un animateur du journal télévisé s'adresse en direct à un correspondant situé à Tahiti : il y a une latence gênante dans les communications. Pour être honnête, dans ce cas, il n'y a pas que la vitesse de transmission du message qui entre en jeu. Cet exemple, un peu caricatural et exagéré, n'a pour seul but que d'illustrer le défaut de simultanéité. Mais en voici un autre, encore fictif, mais plus exact.

Supposons que vous êtes chez vous, tranquillement assis devant votre ordinateur portable et que vous prenez l'initiative d'appeler votre petits-fils en séjour d'expatrié sur Mars. Le temps que met un message radio de la Terre vers Mars peut prendre jusqu'à une vingtaine de minutes (en réalité cela peut varier de 3 à 21 minutes selon les positions des planètes). Vous lui envoyez le message « Bonjour Emeric, que fais-tu en ce moment ? ». Vous recevrez sa réponse 40 minutes plus tard : « Hello Grand Papa, je suis en pyjama en train de synthétiser mon eau » alors qu'au même moment il est sorti en combinaison spatiale faire la maintenance de son rover. Les expressions comme "en même temps", "simultanément", "au même moment" ont perdu leur sens. D'ailleurs comment téléguider un rover en temps réel depuis la Terre sans aller au-devant de catastrophes ? Dans la pratique, le centre de contrôle sur la Terre se garde bien de le téléguider, il ordonnera des séquences de maintenance, d'exploration, de sondage, de transmission en laissant agir les logiciels embarqués. Ce défaut de simultanéité est un des gros problèmes à résoudre dès lors que les distances ou les vitesses deviennent considérables. Pour les étoiles les plus proches, ce n'est pas en minutes qu'il faut compter, mais en années-lumière.

La relativité restreinte part du constat que la vitesse de la lumière est finie et constante dans le vide et repose sur le principe –non encore démenti- que cette vitesse ne peut pas être dépassée. C'est la finitude de cette vitesse, 300 000 km/s, qui provoque les premières difficultés, comme la perte de simultanéité que l'on vient d'évoquer. Mais il y a d'autres effets pernicieux. Les rayons du Soleil, par exemple, mettent environ huit minutes à nous parvenir. Ce qui veut dire que l'on ne voit pas la réalité mais le passé : si le Soleil explose ou disparaît dans un trou noir, on ne le saura que huit minutes plus tard ! Evidemment, plus on regarde loin dans le ciel, plus on regarde loin dans le passé.

Un autre exemple amusant est celui du paradoxe d'Olbers, ou paradoxe de la nuit noire. Ce médecin allemand l'a formulé ainsi en 1823 : « S'il y a réellement des soleils dans tout l'espace infini, leur ensemble est infini et alors le ciel tout entier devrait être aussi brillant que le Soleil. Car toute ligne que j'imagine tirée à partir de mes yeux rencontrera nécessairement une étoile fixe quelconque, et par conséquent tout point du ciel devrait nous envoyer de la lumière stellaire ». Beaucoup de savants se sont arraché les cheveux pour trouver une explication, mais c'est l'écrivain Edgar Poe qui l'a trouvée en 1848 en imaginant que les rayons des étoiles les plus lointaines n'ont pas eu le temps de parvenir jusqu'à nous. C'est parfaitement exact à condition de s'appuyer aussi sur le fait que l'âge de l'univers est fini.

Comme rien ne peut se déplacer plus vite que la lumière (c'est un postulat, rappelons-le), il s'ensuit qu'un observateur ne peut voir de l'univers, à un instant donné, que la partie qui se trouve en deçà de la distance que parcourt la lumière pour arriver jusqu'à lui. Les autres points sont inaccessibles à sa perception puisqu'aucune information ne peut aller plus vite que la lumière. C'est ce constat qui a conduit à la notion de cône de lumière, fondamentale en relativité.

Pour simplifier le dessin, on a réduit l'espace à deux dimensions, donc à un plan. On part d'un point origine O qui peut être soit un observateur, soit une particule, et on regarde ce que fait la lumière partant de ce point. Dans un espace à trois dimensions elle se propagerait sous forme d'une sphère de photons, mais en deux dimensions, elle forme un cercle qui se dilate avec le temps, représenté ici par un axe vertical, et engendre une surface conique. Ce cône sépare l'espace en trois régions : le passé, le futur et "l'ailleurs". Cet ailleurs représente la partie de l'espace qui ne peut avoir aucune action sur l'observateur et réciproquement ; il lui est hors de portée. Le cône de lumière permet de raisonner aussi en matière de causalité. Une particule située en O qui se déplace à la vitesse de la lumière n'a pu être créée que dans la partie "passé" et ne pourra avoir une action sur une autre particule que dans son futur. Il ne pourra rien se passer avec elle dans la partie "ailleurs".

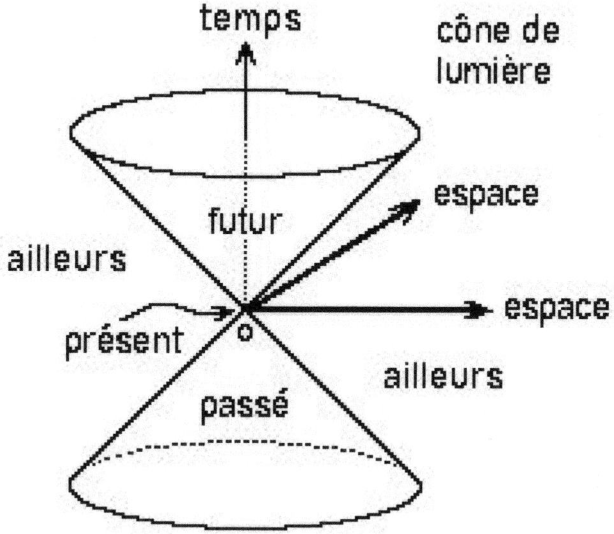

Il faut remarquer la particularité du présent : il est tellement fugace qu'aucun rayon lumineux de la zone "ailleurs" ne peut parvenir à l'observateur en O.

Lorsqu'un objet quelconque, particule, planète ou autre, se déplace dans les quatre dimensions de l'espace-temps, il suit ce qu'on appelle une ligne d'univers en emportant avec lui son petit cône de lumière. De ce fait la ligne d'univers de la Terre devient une hélice sur l'axe du temps, puisqu'elle revient régulièrement au même endroit tous les ans (par rapport au Soleil), mais ce ne sera pas à la même date.

Jusqu'ici nous sommes restés dans le domaine de la relativité restreinte, dont on peut résumer ainsi les effets dans un repère animé d'un mouvement uniforme :

- Le temps est indissociable de l'espace et constitue avec lui la quatrième dimension de notre univers.
- Chaque objet a son temps propre, sa ligne d'univers, et il devient impossible de synchroniser deux évènements.
- Les distances se rétrécissent et le temps se dilate si la vitesse du repère est plus élevée.
- Il y a équivalence entre masse et énergie ($E=mc^2$).

Einstein l'a transformée en relativité généralisée en 1915 pour prendre en compte la courbure de l'espace et la gravitation qu'elle engendrait. Résumons ce qu'elle nous a appris, en rappelant que non seulement elle est toujours en vigueur mais encore elle s'est trouvée confortée récemment par la détection des ondes gravitationnelles :

- Il y a équivalence entre un champ de gravitation et une accélération.
- La matière et l'énergie courbent la trame de l'espace-temps provoquant l'effet de gravitation.
- En présence d'une forte masse (donc forte gravitation) ou si, en raison du principe d'équivalence ci-dessus, une masse subit une forte accélération, le temps ralentit.

- L'effondrement d'une étoile sur elle-même sous l'effet d'une gravitation intense peut faire naître un trou noir.
- Un évènement hyper énergétique, comme la fusion de deux étoiles à neutrons ou de deux trous noirs, provoque des ondes gravitationnelles dans l'espace-temps.
- La lumière suit les géodésiques de l'espace-temps, c'est-à-dire le trajet le plus court entre deux points, ce qui provoque une courbure des rayons lumineux en présence d'un champ de gravitation. Le cas limite est constitué par le trou noir, véritable puits de gravitation gigantesque dont la lumière ne peut plus s'échapper une fois qu'elle a franchi son horizon des évènements.

Pour s'en tenir aux principaux effets sur le temps, on retiendra que des points mobiles dans l'espace, astres, astronautes ou la Tesla d'Elon Musk (fondateur de la société Space X) dans les parages de Mars, ont chacun leur temps propre. Cela signifie en clair qu'il est impossible de synchroniser parfaitement leurs horloges, autrement dit la notion de simultanéité de deux évènements disparaît complètement. Ce qui est plus difficile à comprendre et à accepter, si les mobiles en question se retrouvent un jour au même endroit dans l'espace, c'est qu'il ne se sera pas écoulé la même durée pour eux, et ils n'auront donc pas le même âge, tout comme les jumeaux de Langevin. On dit que chacun a suivi son temps propre.

Si on représente sur un diagramme d'espace-temps le paradoxe apparent des jumeaux, celui resté sur Terre suivra avec elle une ligne droite, en réalité une géodésique de l'espace-temps et mesurera un temps T entre le moment du départ de la fusée et le retour de celle-ci. C'est le long de cette ligne, en l'absence de toute action, que le temps propre est le plus long. Son frère, dans sa fusée, ne suivra pas une telle géodésique et son temps propre qu'il mesurera pour la durée de son voyage sera beaucoup plus court que T. L'écart entre eux sera d'autant plus grand que le frère astronaute a subi des accélérations-décélérations importantes le faisant aller à des vitesses s'approchant de celle de la lumière. Chacun aura pourtant l'impression d'avoir vécu au même rythme de ses battements de cœur. Prenons un exemple concret en admettant qu'il est inscrit dans leurs gènes qu'ils auront la chance de vivre cent ans, sauf accident. Après s'être quittés en 2020 à l'âge de vingt ans, le frère dont le voyage dans l'espace n'aura duré que cinquante ans reviendra sur Terre en 2100 pour assister aux obsèques de son frère resté sur Terre alors qu'il aura encore un potentiel de vie de trente ans.

Pour la petite histoire, sachez que la NASA a conduit une expérience avec deux jumeaux monozygotes âgés de cinquante ans. L'un est resté à terre tandis que son frère a passé un an à bord de l'ISS (International Space Station). En fait cette expérience n'avait pas pour but de rééditer l'exploit des jumeaux de Langevin -il aurait fallu que l'astronaute aille beaucoup plus vite et beaucoup plus loin pour que la différence de vieillissement soit mesurable- mais elle a permis de vérifier les effets de l'apesanteur prolongée sur le corps humain. Pourtant cette affaire de vieillissement apparent ne relève pas du tout de la science-fiction. Le phénomène a été vraiment observé et vérifié à l'aide de nombreuses expériences similaires entre des horloges atomiques identiques et synchronisées avant leur séparation. Entre celle restée dans son centre à terre et l'autre embarquée sur satellite on a pu mesurer des différences de temps significatives, au point qu'il faut absolument tenir compte de cet effet dans tous les systèmes de navigation GNSS si l'on veut avoir une bonne précision.

Un autre effet spectaculaire de la relativité généralisée est celui lié à la gravitation. La gravitation est la conséquence de la présence de masses et d'énergies qui courbent l'espace-temps, mais ce qui est plus difficile à appréhender réside dans le fait que le temps s'allonge, ralentit lorsque la gravitation augmente. Cet effet est devenu mesurable avec les horloges atomiques modernes comme on l'a vu précédemment (voir page 35).

La relativité a donc complètement bouleversé nos idées sur le temps et la gravitation, mais il est intéressant de noter les points sur lesquels la relativité généralisée ne dit rien ou n'apporte aucune explication :
- Elle ne dit rien sur la nature du temps ni sur la raison de sa flèche.
- Elle n'explique pas du tout la gravitation au niveau atomique, et reste incompatible avec la physique quantique.
- Enfin elle n'explique pas non plus l'accélération observée de l'expansion de l'univers.

Sur le dernier point, il faut rappeler les hésitations d'Einstein sur sa constante cosmologique qu'il a ajoutée puis enlevée de sa formule (voir page 21) pour la faire coller aux observations. Les théories basées sur l'existence de matière noire et d'énergie sombre qui constitueraient 95% de notre univers ont le même but : expliquer certains mouvements des galaxies et amas d'étoiles et l'accélération de l'expansion. Il y a de l'antigravitation dans l'espace-temps dont on ne sait pas d'où elle peut provenir ni ce qui peut la provoquer. Quant aux problèmes d'incompatibilité avec la physique quantique, les principaux espoirs s'orientent vers la théorie des supercordes et vers celle de la gravité quantique à boucles.

On peut donc dire, sans aucune exagération, que la relativité n'a rien révélé sur la nature de la gravitation ni sur celle du temps, ces deux mystères restent entiers.

Le temps quantique

La relativité généralisée a profondément bouleversé la notion de temps, comme on vient de le voir, mais elle ne nous a rien appris sur ce qui se passe au niveau des particules. On pourrait penser que la physique quantique prend le relais pour nous dire ce qu'il advient du temps dans le monde atomique, mais il n'en est rien. Pire, ces deux théories sont même incompatibles entre elles : l'équation d'Einstein ne peut pas s'appliquer au monde des quanta et la physique quantique ne peut pas décrire ce qu'on peut observer de l'univers.

La relativité décrit un univers où la causalité reste une règle fondamentale de la nature, même s'il n'est plus possible de parler de simultanéité de deux évènements et si les distances et le temps peuvent se distordre. Un objet suit sa ligne d'univers dans l'espace-temps, selon son temps propre, certes, mais dans le respect de son passé et de son futur. La relativité interdit à sa ligne d'univers de faire une boucle pour revenir sur elle-même, le voyage dans le passé reste une utopie.

Dans le monde des quanta, il n'en est plus de même : on a vu, lorsqu'il a été question de la flèche du temps, que certaines particules pouvaient n'en faire qu'à leur tête et semblaient remonter le temps, comme l'avait supputé Dirac avec le positron découvert peu de temps après. C'est le cas général des antiparticules qui, selon la manière dont on les observe, peuvent sembler remonter le temps, c'est-à-dire que la cause peut avoir lieu après l'effet, violant ainsi le sacro-saint principe de causalité.

On va jusqu'à imaginer que des boucles temporelles sont possibles, donc qu'une particule peut revenir sur son passé, mais alors qu'advient-il à ce moment ? Pensez à une boule de billard bleue qui va percuter une boule rouge et modifier ainsi sa direction initiale. La boule bleue suit alors une boucle spatio-temporelle qui lui permet de revenir à la position où elle était juste avant le choc et continue comme si de rien n'était puisque la boule rouge n'est plus là ! Le choc a bien eu lieu puisque la boule rouge a été envoyée ailleurs, par contre ce choc n'a perturbé en rien la trajectoire de la boule bleue qui continuera comme si elle n'avait rien touché. Le principe de causalité a un peu perdu la boule dans cet exemple.

Cela vous rappelle aussi certainement les expériences de "gomme quantique à choix retardé" où l'on a vu qu'un photon pouvait modifier sa trajectoire passée (voir page 51). Certains vont jusqu'à parler de "rétroaction en provenance du futur", mais l'interprétation sérieuse est probablement plus compliquée. Tout cela pour dire qu'au niveau des quanta rien n'est simple, comme on le verra dans le chapitre suivant.

Mais alors qu'en est-il du temps dans les théories quantiques en cours ? Il y en a une pléthore, mais trois sortent du lot et ont donné lieu à de nombreuses publications. Un petit mot d'abord sur la théorie quantique des champs, la plus ancienne, qui s'est développée et a été améliorée au cours du $20^{\text{ème}}$ siècle. Elle regroupe plusieurs outils assez complexes et a connu ses heures de gloire pour décrire la physique des particules dans les accélérateurs et les réacteurs nucléaires. Elle a permis d'élaborer le fameux "modèle standard" qui est une belle classification de toutes les particules connues. Il est aux particules élémentaires ce que le tableau de Mendeleïev est aux atomes. Toujours très utilisé, il a dû cependant subir un lifting appelé "renormalisation", un procédé mathématique un peu artificiel destiné à supprimer quelques infinis gênants dans certains calculs. La théorie quantique des champs n'intègre pas vraiment la relativité généralisée, mais n'entre pas en contradiction avec elle. Cette théorie n'apporte donc rien de nouveau sur le temps mais cela ne l'empêche pas de rester très en cours.

Il y a eu ensuite la théorie des cordes développée dans les années quatre-vingt qui avait pour but d'établir un lien entre la relativité généralisée et la physique quantique. Les briques élémentaires, à l'échelle de Planck, seraient des filaments vibrants aux extrémités ouvertes ou rebouclées sur elles-mêmes. Ces boucles vibrantes, dans leur état fondamental, formeraient les particules élémentaires que l'on connaît. On en est maintenant à la théorie des supercordes, ou plus exactement **aux** théories des supercordes car il y en a une demi-douzaine. Elles ont toutes en commun un double problème. Le premier tient à ce qu'elles font appel à des dimensions spatiales supplémentaires, onze dimensions pour la plupart : les trois déjà connues, le temps, et sept imperceptibles car "enroulées" sur elles-mêmes à l'échelle de Planck. L'autre grave problème que ces théories rencontrent réside dans le fait qu'elles ne sont pas réfutables, c'est-à-dire que, dans leur état actuel, elles ne permettent pas de faire des prédictions vérifiables, comme cela a été le cas avec la relativité. Ces théories n'ont rien apporté de nouveau jusqu'à présent, notamment en matière de temps (il n'y a pas de cordes "temporelles"). Elles restent néanmoins très étudiées et de nombreux physiciens pensent que les supercordes sont le meilleur espoir pour développer un jour une "théorie du tout" encore plus fondamentale.

Reste la théorie de la gravitation quantique à boucles, la plus récente puisqu'elle date des années quatre-vingt-dix, qui a aussi été élaborée dans l'idée de réconcilier la relativité généralisée et la mécanique quantique. Dans cette théorie, le temps en prend un vieux coup en faisant dire à certains de ses physiciens concepteurs, dont Carlo Rovelli, que le temps n'existe pas ! Pour avancer cela il se fonde, en résumé, sur le fait que l'équation de Wheeler-DeWitt ne comporte pas le paramètre t. Cette équation publiée par DeWitt en 1967 est une première ébauche de la gravité quantique. Rovelli continue à se passer de la variable temps qu'il juge inutile dans les développements qu'il fait de la théorie, mais admet cependant que le temps peut "émerger" du monde quantique. La non-existence du temps au niveau quantique est loin de faire l'avis unanime des physiciens, comme je l'ai déjà mentionné au début du chapitre (page 47). Mais revenons un peu aux débuts de la mécanique quantique pour voir ce qu'elle dit du temps.

Le fondement de la mécanique quantique repose sur l'équation d'Erwin Schrödinger ; ce dernier en a établi une première mouture en 1926 qui a été généralisée un peu plus tard par Dirac. Elle est toujours à la base de la mécanique quantique, elle est simple à écrire et, oh ! surprise… le temps y figure ! C'est son interprétation qui est assez complexe et a donné lieu à deux écoles qui s'opposent encore aujourd'hui pour savoir si elle représente vraiment la réalité de ce que nous observons (la fameuse interprétation de Copenhague qui fait toujours débat). En résumé, il s'agit d'une fonction d'onde associée à toute matière, qui prolonge la théorie des ondes de matière de Louis de Broglie qui avançait dès 1924 que toutes les particules -pas seulement la lumière et les photons- pouvaient être vues comme des ondes. Rappelez-vous les débats sur la dualité "onde et corpuscule".

L'équation de Schrödinger (1926)

$$H \, \Psi = E \, \Psi$$

Dans laquelle Ψ est l'expression d'une onde harmonique fonction du temps.

H représente l'opérateur hamiltonien.

E est un nombre lié à l'énergie mécanique du système.

C'est une équation aux dérivées partielles décrivant l'évolution dans le temps du vecteur d'un système quantique. Appliquée à une particule dans un champ, elle est très proche d'une équation d'onde dans l'espace et le temps, d'où le nom de mécanique ondulatoire pour cette forme restreinte de la mécanique quantique. En vertu de quoi le vecteur d'état est aussi souvent appelé fonction d'onde du système. Les solutions de cette équation donnent les amplitudes de probabilités pour que le système soit dans un état donné lors de la mesure.

Cette équation va avoir des implications très importantes sur le comportement quantique de la matière que nous allons voir au chapitre suivant mais elle ne dit absolument rien sur le temps quantique, on peut même dire qu'elle utilise le temps newtonien ! Alors temps quantique ou pas ? Peut-être…

Dès que l'on pénètre dans le monde atomique, on tombe en effet sous le coup de la mécanique quantique qui doit son nom à la notion de quantum. On la doit à Planck qui a émis l'hypothèse en 1900 que le rayonnement d'un corps noir ne pouvait être mis en formule que si les échanges électromagnétiques ne se faisaient pas de manière continue, comme on le croyait à l'époque, mais par à-coups, les fameux quanta d'énergie. La mécanique quantique était née et tous les plus célèbres physiciens de ce début du 20ème siècle ont vite compris que cette parcellisation de l'énergie était aussi applicable à la masse, à la quantité de mouvement, et intervenait dans les interactions de toutes les particules connues. Einstein a essayé toute sa vie durant de quantifier l'espace-temps dans le but de rendre compatibles les deux théories, en vain. On n'y est toujours pas parvenu aujourd'hui, ce qui n'empêche pas de nombreux physiciens de penser que la structure de l'espace-temps est bien granulaire.

Mais alors, si l'espace-temps est vraiment granulaire, sa composante temporelle ne devrait-elle pas l'être aussi ? Plus les scientifiques ont progressé dans l'étude de la matière, plus ils ont découvert de phénomènes se déroulant de façon discontinue. On a ainsi découvert, pour ne citer que ces deux cas, que l'énergie au niveau quantique était "discrète" et qu'un rayon lumineux se propageait de façon discontinue par paquets de photons. Rien n'interdit de penser que le temps lui-même n'échappe pas à cette règle. Il y a une autre raison pour penser que le temps est quantique : il apparaît dans de nombreuses formules où figurent l'énergie et la matière qui sont reconnues comme quantiques, alors pourquoi pas lui ?

$$E = mc^2 \qquad\qquad E = hc\,/\,t$$
(c célérité de la lumière, h constante de Planck)

A force de découper la seconde en millisecondes, en microsecondes, en nanosecondes, la précision atteinte par les horloges les plus performantes permet actuellement de mesurer l'attoseconde (10^{-18} s). On arrive dans le domaine quantique et on s'approche progressivement du temps de Planck, soit 5.10^{-44} s, donc du quantum de temps. Si ce quantum existe, il serait intéressant de voir s'il a un comportement aussi étrange que ses confrères quantiques. On est en droit d'imaginer que le temps puisse devenir discontinu comme eux à cette échelle infinitésimale, pour former une sorte de pointillé : un instant il est là, à l'instant suivant il n'est plus là, etc. Ce pointillé temporel signifierait donc que l'absence de temps n'est pas une fiction, le temps s'écoulerait de temps en temps !

Vers la particule de temps

Comme on le sait déjà depuis plusieurs dizaines d'années, le vide n'est pas vide. Qu'il s'agisse du grand vide interstellaire ou du vide atomique qui constitue la quasi-totalité d'un atome, on trouve ce que Wheeler a appelé en 1956 la "mousse quantique". Le vide constitue en effet un gigantesque réservoir d'énergie dans lequel le monde quantique puise pour créer à tout moment des myriades de paires de particules (en fait des particules et leurs antiparticules comme l'électron et le positron) qui vont s'annihiler presque immédiatement en restituant l'énergie empruntée. Le bilan final, pour l'ensemble du vide, n'est peut-être pas nul, mais on n'est pas encore en mesure d'évaluer cette énergie du vide provoquée par ces fluctuations quantiques.

Non seulement le vide n'est pas vide, mais on a vu aussi que l'espace-temps pourrait bien avoir une structure granulaire. Si la relativité généralisée représente notre espace-temps comme courbe et lisse à toutes les échelles, la théorie de la gravité quantique à boucles qui la prolonge le représente comme une structure discrète, discontinue à l'échelle quantique. L'univers serait un ensemble de volumes élémentaires aux dimensions proches de la longueur de Planck (10^{-35} m). Ces volumes élémentaires s'associent en réseau en formant des boucles que les spécialistes ont appelées de manière un peu absconse "mousse de spin". Inutile de préciser que les calculs sont complexes… Il faut retenir de cette théorie, d'abord qu'elle tient bien la route, ensuite qu'elle établit un lien entre le continuum de l'espace-temps einsteinien et l'espace-temps discret et quantique. De plus elle a l'avantage, par rapport aux théories des supercordes, de permettre d'explorer des pistes pour la tester. Il s'agit essentiellement de campagnes de mesures conduites sur le fond diffus cosmique ou dans les sursauts gamma qui sont des bouffées de photons ultra énergétiques émises par des galaxies anciennes mais qui ne durent que quelques centaines de secondes, donc très difficiles à traquer.

On comprend pourquoi l'espace-temps, plein de mousse quantique et autre mousse de spin, est souvent décrit comme une sorte de gélatine ou de mélasse. Une gélatine qui peut s'étendre et même vibrer au rythme des ondes gravitationnelles. Une gélatine qui s'incurve sous l'effet d'une grosse masse astrale, provoquant l'effet gravitationnel. Une gélatine dans laquelle on peut aussi faire un gros trou, noir bien sûr. Le seul problème est que l'on ne sait pas trop de quoi est constituée cette gélatine.

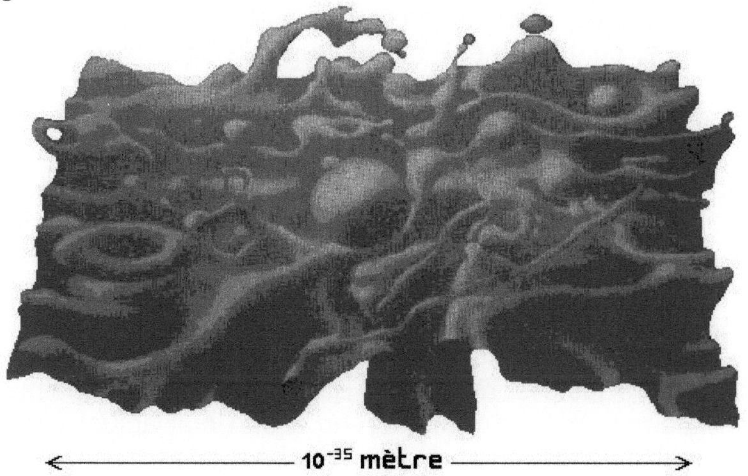

Si on s'accorde à penser que l'espace-temps est quantifié, constitué d'un assemblage de volumes élémentaires ou, plus exactement, de quanta du champ gravitationnel, il n'y a qu'un pas à faire que je franchis pour dire que cela induit la notion de quantum de temps décrit au sous-chapitre précédent et son corollaire, à savoir l'existence possible d'une particule de temps.

Une découverte extraordinaire récente vient appuyer mon hypothèse : des physiciens ont confirmé en 2016 avoir réussi à fabriquer un cristal de temps ! L'existence théorique de ce cristal a été annoncée en 2012 par l'américain Frank Wilczek (prix Nobel de physique 2004). Essayons d'expliquer en quelques mots simples de quoi il s'agit. Les cristaux "normaux" sont constitués d'atomes qui s'organisent en réseau en leur conférant des propriétés très particulières, notamment en optique mais pas seulement. Dans ces cristaux, les atomes ou molécules s'associent en arrangements périodiques dans l'espace, de ce fait ils ne sont pas du tout invariants par translation ou rotation arbitraire dans l'espace, contrairement à la plupart des liquides ou gaz. Ils ont des plans et des directions privilégiées.

Vous pensez bien sûr aux diamants, mais il y a une forme plus courante et tout aussi étonnante, lorsque l'eau se transforme, parfois très brutalement, en bloc de glace. On utilise pour décrire ce phénomène le terme savant de "brisure de symétrie" qui indique l'apparition d'un nouvel état de la matière. C'est une brisure de symétrie qui explique la séparation de l'antimatière et de la matière juste après le Big Bang : l'univers est passé brutalement d'un état homogène à son état actuel dans lequel l'antimatière est quasiment absente.

Le **cristal de temps** procède de l'idée que si on peut organiser spatialement des atomes en cristal, pourquoi ne pas imaginer que l'on puisse aussi les organiser temporellement ? Ce serait en quelque sorte un cristal d'espace-temps constitué d'un réseau d'atomes qui se répèteraient, non plus dans l'espace mais dans le temps. Idée encore inconcevable il y a quelques années, mais que deux équipes ont réussi à réaliser en 2016 à partir de dispositifs différents. On pourrait presque l'assimiler au cœur d'une horloge atomique et penser qu'on a trouvé là une recette du mouvement perpétuel. En réalité ce n'est pas le cas puisqu'il faut fournir une impulsion d'énergie pour entretenir le cycle temporel.

Comment a-t-on pu réussir à créer ces cristaux temporels dits "de Floquet" ? On prend une dizaine d'ions d'ytterbium que l'on maintient dans leur état d'énergie minimale à -273°C. Ces ions se comportent comme de minuscules boussoles (leurs spins) lorsqu'on les place dans un faible champ magnétique créé par un premier laser. Un second laser vient alors percuter individuellement les ions pour les mettre dans un état initial déterminé (l'heure zéro en quelque sorte) et on regarde ce qui se passe. C'est là que le miracle intervient : les spins des ions interagissent les uns sur les autres en évoluant individuellement jusqu'à revenir à la configuration initiale, l'heure zéro ou plutôt le tour du cadran ! On a donc créé un phénomène périodique qui se répète dans le temps en plein cœur de la matière. Cette découverte intéresse au plus haut point les spécialistes de l'informatique quantique.

Le temps peut donc se trouver au cœur d'une configuration d'atomes spécialement agencés en cristal de temps qui peut battre la mesure comme un véritable oscillateur. Il y a une autre indication, beaucoup plus ancienne celle-là, qui montre que le temps est déjà au cœur de l'atome. Henri Becquerel et Marie Curie ont été les premiers à étudier ce qu'on a appelé la radioactivité naturelle.

Tout le monde connaît le principe de datation par le carbone 14, isotope radioactif du carbone, qui sert à évaluer l'âge d'objets très divers comme des objets d'art, des fossiles, des ossements, le suaire de Turin. En mesurant la proportion de cet isotope, on peut dater des objets jusqu'à 50 000 ans, au-delà la méthode n'est plus assez précise. Le principe repose sur la désintégration spontanée de cet isotope radioactif qui se fait selon une loi précise de décroissance radioactive dans le temps (voir l'encadré page suivante).

On y voit qu'à un atome donné correspond une période très précise, ceci dans une gamme très étendue de durées. On sait faire l'exercice de datation avec d'autres isotopes que le carbone 14, mais l'avantage de ce dernier est qu'il est très abondant sur la Terre et qu'il se renouvelle. Il est étonnant de constater que tous les isotopes radioactifs ont une caractéristique temporelle, comme si quelques quanta de temps étaient enfouis en leur sein et faisaient office de chronomètre pour mesurer la durée de vie qu'il leur reste avant de se désintégrer.

Il n'y a pas que les isotopes radioactifs qui soient instables. Le neutron, le principal constituant de tous les atomes avec le proton, est aussi instable quand il est à l'état libre. Dans cet état il a une durée de vie moyenne de 880s seulement, temps au bout duquel il a eu une chance sur deux de s'être transformé en proton par désintégration β^-. Heureusement pour la vie sur terre, le neutron lié dans un atome peut subsister très longtemps et on n'a pas encore observé de désintégration spontanée du proton, ni avec les électrons réputés stables dans le modèle standard.

La désintégration radioactive   (Becquerel 1896)

Dans le cadre de l'interaction faible, des noyaux atomiques peuvent se transformer **spontanément** en d'autres atomes en émettant simultanément des particules (électrons, neutrons, photons, etc.). La désintégration β, par exemple, transforme un proton en neutron ou inversement :

$β^+$ proton $\longrightarrow$ neutron + positron + neutrino

$β^-$ neutron $\longrightarrow$ proton + électron + antineutrino

La désintégration d'un isotope radioactif se produit en un temps que l'on peut caractériser par sa période qui est le temps moyen pour que la moitié de ses noyaux se soient désintégrés naturellement. Ce temps peut aller d'une infime partie de seconde à des millénaires. Exemples :

^{8}Be période = $6,7.10^{-17}$s

^{3}H période = 12 ans (le tritium)

^{14}C période = 5730 ans (qui sert aux datations)

^{235}U période = 704 millions d'années

On peut dire aussi que c'est le temps au bout duquel l'atome considéré a une chance sur deux de s'être désintégré.

Le temps est donc une donnée intrinsèque de chaque atome, comme si chacun avait un chronomètre au cœur de ses constituants. Cette remarque, associée à l'existence d'une fonction de chronométrie au sein de ce qu'on a appelé des cristaux de temps, montre bien que le temps est profondément inscrit au cœur de la matière, dans ses plus infimes recoins. Mais où faut-il rechercher cette donnée, au sein des gluons responsables de l'interaction forte ou ailleurs ?

Une particule de temps hypothétique est susceptible de matérialiser le quantum de l'espace-temps en tant que vecteur de l'interaction temporelle. Cette particule que j'ai baptisée "tempino" ressemblerait beaucoup au graviton : un boson de masse nulle se déplaçant à la vitesse de la lumière. En conséquence, il sera tout aussi difficile de prouver son existence réelle ! Le seul problème est que, lui, on ne le recherche pas, faute de théorie adéquate et de budget. La recherche du graviton a donné lieu à de nombreuses expérimentations très onéreuses, sans résultat pour le moment, mais le temps est malheureusement trop souvent considéré comme purement immatériel, voire inexistant et juste utile comme paramètre de mesure.

4. L'INTERPRÉTATION QUANTIQUE

« Il est plus facile de désintégrer un atome qu'un préjugé. »

Albert Einstein

« Le bon sens qui voudrait que les objets existent de manière objective indépendamment de notre observation devient obsolète lorsque l'on considère la physique quantique. »

Niels Bohr

De catastrophe en catastrophe

Tout a commencé par la catastrophe ultraviolette qui n'a pas été baptisée ainsi parce qu'elle a donné une sorte de rougeole aux physiciens de la fin du 20ème siècle, mais presque. Tous pensaient détenir la bonne formule pour trouver la longueur d'onde émise par un corps noir en fonction de sa température. Les forgerons aussi la connaissent bien et savent que le fer devient rouge cerise lorsqu'il atteint la température de 650°C. Les lois de Rayleigh et Wien marchaient bien pour les longueurs d'ondes courtes, à commencer par l'infrarouge, mais moins bien dans le bleu et plus du tout dans le violet, au point de donner lieu à un infini dans l'ultraviolet. Planck était un de ceux qui s'acharnait à trouver une solution et a fini par y arriver en 1900 en faisant l'hypothèse du désespoir. Il a trouvé que l'on pouvait tomber sur le bon résultat si l'énergie rayonnée n'était pas émise de manière continue mais par paquets que l'on a baptisés plus tard les quanta d'énergie. Il pensait que c'était un pis-aller et que cela ne pouvait pas correspondre à la réalité, mais les expériences ont prouvé le bien-fondé de son raisonnement et c'est ainsi que naquit la mécanique quantique.

Einstein fut le premier, en 1905, à appliquer l'hypothèse des quanta pour interpréter l'effet photoélectrique. Il eut l'idée qu'un "grain de lumière" (appelé photon en 1926 seulement) pouvait être porteur d'un quantum d'énergie. Planck a écrit en 1913 qu'il n'y croyait pas trop, mais il faut savoir que c'est ce qui a valu le prix Nobel à Einstein en 1921 « Pour les services rendus à la physique théorique, spécialement pour la découverte de la loi de l'effet photoélectrique », sans aucune mention à ses théories sur la relativité. Bref, c'était la gloire pour la formule $E = h.v$ qui dit que l'énergie d'un photon est proportionnelle à sa fréquence (dans laquelle h est la fameuse constante de Planck) mais pas pour l'autre formule $E = mc^2$ encore très discutée et pas encore bien admise ni comprise.

On peut dire qu'en 1920 la physique, qui reposait jusqu'alors sur deux piliers inébranlables, la mécanique de Newton et l'électromagnétisme de Maxwell, est brutalement passée dans une nouvelle ère avec deux nouvelles assises : la relativité et la mécanique quantique. À partir de là, deux formulations de la même théorie quantique vont voir le jour, l'une sous forme matricielle développée par Heisenberg en 1925, l'autre ondulatoire initiée par Louis de Broglie en 1924. Ce dernier a génialement élargi son principe de dualité onde-corpuscule en supposant que si les ondes électromagnétiques ont des caractéristiques de particules, alors toutes les particules peuvent être décrites à l'aide d'ondes matérielles. Un peu plus tard Max Born a eu l'idée fondatrice de caractériser cette propriété ondulatoire des particules par une mesure de probabilité. A partir de là, c'est en 1926 que Schrödinger a établi la première formulation de sa fonction d'onde, généralisée ensuite par Dirac.

Des deux formulations, matricielle ou ondulatoire, dont il a été prouvé qu'elles étaient parfaitement compatibles entre elles, c'est celle de Schrödinger qui gagna. Les calculs matriciels proposés par Heisenberg ont été jugés trop lourds à manipuler et étaient difficiles à bien interpréter. Celle de Schrödinger, plus intuitive, est toujours utilisée aujourd'hui (voir encadré **page 77**). Il faut se rappeler qu'elle donne la probabilité pour qu'une particule donnée soit en un endroit donné à un instant donné. C'est cette approche indéterministe qu'Einstein ne supportait pas et lui a fait dire « Dieu ne joue pas aux dés ! ». De deux choses l'une : ou on admettait que la mécanique quantique était floue et indéterministe, ou cette théorie n'était pas "complète", au sens de "complétude" c'est-à-dire qu'il lui manquait quelque chose pour décrire la réalité (la fameuse "variable cachée" proposée par Einstein). C'est cette problématique qui a véritablement partagé le monde des physiciens en deux clans : ceux dits de l'école de Copenhague et les autres. Les discussions auxquelles elle a donné lieu durent toujours, presque un siècle plus tard. La catastrophe ultraviolette s'est transformée en catastrophe de Copenhague !

Cette catastrophe a été mise au grand jour grâce aux congrès de Solvay. Ces congrès créés en 1911 par Ernest Solvay, un industriel chimiste belge, ont pour but de réunir régulièrement d'éminents scientifiques mondiaux pour leur permettre d'échanger leurs points de vue dans un domaine fixé à l'avance. La 25ème conférence internationale a ainsi eu lieu en octobre 2019 et a concerné les chimistes. Le plus célèbre de tous reste sans conteste le congrès de 1927 sur le thème des électrons et des photons. Il a vu s'affronter les partisans d'une physique quantique déterministe (Einstein, de Broglie, Schrödinger) et ceux qui défendaient bec et ongles l'approche probabiliste (Bohr, Heisenberg, Born, Dirac, Ehrenfest). Il y avait d'autres célébrités, plus neutres mais qui ne se gênaient pas pour donner leurs avis : Compton, Pauli, Planck, Marie Curie, Langevin, Lorentz et quelques autres : tout le gratin de l'époque qui a conçu notre physique d'aujourd'hui.

Petite parenthèse au sujet de ce congrès : il n'y avait qu'une seule femme, Marie Curie, mais il aurait pu y en avoir une deuxième ! Lise Meitner, née à Vienne en 1878 et décédée en 1968 à Cambridge, était une physicienne réputée qui a fait une carrière assez similaire à celle de Marie Curie sur la radiographie et la radioactivité. Elle a été la première, semble-t-il, à avoir imaginé le processus de la fission nucléaire. Mais comme elle était d'origine juive et qu'elle est restée en Allemagne après l'avènement du nazisme, bien que n'en partageant pas les idées, elle a été suspectée de travailler pour le régime hitlérien. Cela lui a valu de ne jamais être proposée pour le prix Nobel qu'elle aurait amplement mérité et surtout d'être complètement oubliée dans l'histoire de l'épopée nucléaire. Mais revenons au congrès de 1927, à Bruxelles.

La principale question posée par l'école de Copenhague (ainsi nommée parce que Bohr y dirigeait l'Institut de Physique) pouvait se résumer à celle-ci : « Est-ce que la théorie quantique, donc probabiliste, décrit vraiment la réalité ou n'est-elle qu'un bon outil de calcul ? ». Cette école, à laquelle appartenaient Bohr, Heisenberg et Born, défendait l'interprétation dite orthodoxe qui renonce à une description purement ondulatoire des particules au profit de l'approche probabiliste confirmée par tous les résultats observés. Les autres, Einstein à leur tête, préféraient s'en tenir à l'évolution déterministe et progressive de l'équation de Schrödinger. Mettant en doute la complétude de la théorie, ils attribuaient à une variable cachée un déterminisme masqué des particules, les probabilités ne servant qu'à faire disparaître un détail impossible à mesurer ou qu'on ignorait au moment de la mesure.

Comment imaginer en effet qu'une particule puisse être en deux endroits différents au même instant ? Comment imaginer que la mesure d'une caractéristique d'une particule (son spin, par exemple, "haut" ou "bas") soit le résultat d'une simple probabilité, d'un tirage au sort, la particule pouvant avoir les deux résultats en même temps avant la mesure ? C'est ce qu'Einstein ne supportait pas et il a élaboré, pour illustrer son idée, une expérience de pensée "EPR" dont on parlera au sous-chapitre sur l'intrication.

Il faut dire aussi, pour ajouter à la confusion du monde quantique, qu'Heisenberg avait présenté en 1927 son principe d'incertitude que l'on ferait mieux d'appeler, comme dans certains pays, principe d'indétermination car il s'agit d'une impossibilité fondamentale et non subjective. Ce principe, à travers une formule très simple et facile à comprendre, indique qu'il est impossible de connaître avec précision la position et la quantité de mouvement d'une particule. De manière grossière : si on connaît bien sa position on ne pourra pas savoir quelle est sa vitesse, et réciproquement. Il s'écrit :

$$\Delta x . \Delta p \geq h/2\pi \quad \text{(où h est la constante de Planck et p}$$
$$\text{la quantité de mouvement = m.v)}$$

Son corollaire, beaucoup moins connu, implique la même indétermination entre l'énergie d'une particule et le temps mis pour la mesurer :

$$\Delta E . \Delta t \geq h/2\pi$$

Heureusement pour nous, cet effet n'est pas perceptible pour des objets macroscopiques et des masses importantes, sinon on n'aurait pas pu inventer le GPS et peut-être même pas le laser. Ce principe est une véritable pierre angulaire de la physique, mais il n'a pas donné lieu à d'âpres débats au fameux congrès de Solvay car très généralement admis. Il a néanmoins introduit toutes les discussions sur l'effet de la mesure, ou de l'observateur, sur le système mesuré dont on va reparler plus loin.

Les échos de la catastrophe de Copenhague se font toujours sentir aujourd'hui et alimentent le côté obscur de la physique quantique qui nous a apporté pourtant d'étonnantes innovations scientifiques, vivement sa complétude indiscutable !

L'indétermination quantique

Le principe d'indétermination d'Heisenberg que l'on vient de voir n'est pas à proprement parler probabiliste mais il démontre qu'il n'est pas possible d'augmenter la précision des mesures à l'infini. On finira forcément par se heurter au "mur de Planck".

La première conséquence va rendre obsolète le fameux modèle de l'atome planétaire avec des électrons qui tournent sur des orbites stables autour du noyau. Comme il est devenu impossible de les localiser avec précision on les représente maintenant sous la forme d'un "nuage de probabilité". Chaque électron est caractérisé par une densité de probabilité de présence, c'est-à-dire les zones où on a le plus de chance de le trouver. Cette représentation probabiliste, quantifiée par la fonction d'onde de Schrödinger, est valable pour toutes les particules quantiques. L'indétermination porte sur toutes les caractéristiques d'une particule : son spin, son énergie, sa vitesse et même sa position. On peut aller jusqu'à dire qu'une particule peut être en plusieurs endroits en même temps, mais il est plus exact de dire qu'elle n'a pas de localisation tant que sa position n'a pas été mesurée ou observée.

Et nous voici au cœur du flou quantique, car la deuxième conséquence qui alimente les divergences dans les différentes interprétations tient à l'impact de la mesure ou de l'observateur sur le système. Comment peut-on passer du monde probabiliste et incertain à la réalité observée ? Heisenberg allait jusqu'à dire : « Les atomes ou les particules élémentaires ne sont pas réels ; ils forment un monde de potentialités ou de possibilités plutôt qu'un monde de choses et de faits ». Certains de ceux qui pensaient comme lui n'ont pas hésité à dire que c'est l'appareil de mesure ou l'observateur qui crée la réalité ! Ces physiciens, toujours nombreux aujourd'hui, font partie du clan récemment baptisé par Lee Smolin "les antiréalistes" qui pensent que la science ne doit pas et ne pourra pas aller plus loin dans le découpage ultrafin de la matière et qu'il suffit de se contenter des formules probabilistes très satisfaisantes.

Einstein appartenait, lui, au clan des "réalistes" et n'était évidemment pas d'accord avec cette idée. Il s'amusait à dire : « J'aime penser que la lune est là même quand je ne la regarde pas ». On a vu qu'il prônait la préexistence d'une variable cachée pouvant expliquer le résultat de la mesure. La physique quantique est en effet non déterministe en ce sens qu'elle ne peut pas prédire avec certitude le résultat d'une mesure. La variable cachée rétablit un certain déterminisme ou une causalité, assurant un semblant de continuité entre le monde purement quantique et la réalité qui nous entoure.

Prenons le cas simple d'une probabilité 50-50. Si on lance une pièce de monnaie en l'air, chacun sait qu'on a une chance sur deux d'avoir le côté "pile" à la fin de sa trajectoire. On parle de hasard, mais si on maîtrisait parfaitement les conditions initiales et l'ensemble des données influençant sa trajectoire (paramètres du lancer, résistance de l'air, élasticité du sol, imperfections de la pièce, etc.) on serait en mesure de prévoir la face qui va apparaître. Si on prend maintenant un photon polarisé qui peut avoir deux polarités, horizontale et verticale (on dit qu'il y a superposition des deux états), il a aussi une chance sur deux de présenter l'une ou l'autre lors de la mesure par un analyseur de polarisation selon les lois de la mécanique quantique. La grosse différence avec la pièce de monnaie tient à ce que la détection du photon va bien nous dire quelle est sa polarité, mais il perd ipso facto son état quantique et conservera ensuite son état mesuré, il n'y aura plus de superposition de deux états. On ne pourra donc plus jouer à pile ou face avec lui. Transposé à l'exemple de la pièce (extrêmement petite !), à supposer qu'elle puisse être quantique, cela voudrait dire que dans cette superposition d'états elle a effectivement un côté "face" et un côté "pile", mais lorsqu'on va la regarder pour savoir celui qu'elle va nous présenter au moment de l'observation, elle va afficher par exemple "face" et ne conservera plus que cette caractéristique, devenant inutilisable pour un nouveau tirage au sort !

D'après cette interprétation du clan des antiréalistes, c'est bien la mesure elle-même qui ferait passer la particule observée d'un état quantique indéterminé et probabiliste à un état réel. On dit qu'à ce moment la fonction d'onde s'effondre, ou encore qu'il y a eu réduction du paquet d'ondes, ce qui signifie qu'après une mesure un système physique voit son état entièrement réduit à ce qui a été mesuré ; il n'y est plus question de probabilité. Vous imaginez sans difficulté les débats qui ont pu avoir lieu à la suite de ce constat, et ils durent toujours, aussi bien sur le plan scientifique que sur les plans épistémologique et philosophique.

L'exemple le plus célèbre est celui imaginé par le "réaliste" Schrödinger (voir encadré page suivante) avec son chat mort-vivant. Il est très imagé et spectaculaire, avec pour but de mettre en exergue la question essentielle sous-jacente : à quel moment un système quantique entre-t-il dans la réalité ? La particule radioactive est certes quantique, mais l'appareillage dans la boîte et surtout le chat, sont-ils vraiment quantiques ? Est-ce vraiment le simple fait d'avoir ouvert la boîte et regardé à l'intérieur qui fait office de mesure et fait basculer le tout dans une réalité miaulante ou macabre ?

Le chat de Schrödinger   (article écrit en 1935)

Pour contrer les tenants de l'interprétation orthodoxe de l'école de Copenhague selon lesquels la mesure effectuée sur un système quantique crée la réalité, Schrödinger imagina ce célèbre exemple qui est une expérience de pensée.

On enferme un chat vivant dans une boîte parfaitement close et contenant un appareil qui libère un gaz mortel dès qu'il détecte la désintégration d'un isotope radioactif. Cette particule a une chance sur deux de s'être désintégrée au bout du temps T, sa période radioactive.

Avant le temps T, le chat est dans un état "superposé", à la fois vivant et mort. Au bout du temps T, on ouvre la boîte pour voir l'état réel du chat, avec une chance sur deux qu'il ait survécu. Tant qu'on n'a pas ouvert la boîte le chat est dans un état intermédiaire à la fois vivant et mort !

Le moment critique du basculement dans la réalité a été appelé "décohérence quantique" et est provoqué soit par une mesure, comme on vient de le voir, soit par l'influence de l'environnement à partir d'une taille critique mal appréhendée. Après tout il serait amusant qu'un bébé naisse quantique, dans un état superposé masculin-féminin : il suffira du premier regard de la sage-femme ou de la maman pour déterminer son sexe ! On sait bien que ce n'est pas le cas, mais il n'empêche que la frontière entre les deux mondes reste…indéterminée. On a réussi à construire des assemblages quantiques de plusieurs particules, d'ions et même de molécules, mais plus l'ensemble est gros, plus il est instable et entre sans prévenir dans la réalité. C'est d'ailleurs l'immense problème à résoudre pour arriver à construire un ordinateur quantique : les "qubits" sont affublés de cette même fâcheuse tendance à perdre brutalement leur cohérence quantique sans que l'on sache la raison qui la provoque.

Il faut savoir qu'il y a d'autres interprétations quantiques que les deux débattues à Copenhague. Pour la petite histoire, mentionnons l'interprétation (antiréaliste !) faite en 1957 par le physicien américain Hugh Everett. Selon lui, si plusieurs possibilités se présentent au moment de l'effondrement de la fonction d'onde de Schrödinger, il y aura celle que l'on observera effectivement, mais les autres seront aussi réalisées dans des univers différents du nôtre. Imaginez un peu le nombre d'univers parallèles créés à chaque instant, et le nombre de chats vivants et morts dans chacun de ces univers ! Certaines autres théories, moins prolifiques en univers parallèles et plus crédibles, sont toujours en discussion aujourd'hui.

Il existe une interprétation plus réaliste qui aurait mérité d'être plus répandue ou au moins enseignée : celle avancée par Louis de Broglie en 1924 et connue sous le nom de "l'onde pilote". Il s'agit d'une onde qui accompagne chaque particule et la guide en quelque sorte, d'où ce nom. David Bohm a perfectionné cette théorie en 1952 baptisée depuis théorie "deBB" (pour de Broglie-Bohm). En substance, l'onde pilote gouverne le mouvement de la particule en suivant l'équation de Schrödinger qui donne l'évolution de son état en fonction du temps. Cette équation ne décrit cependant pas complètement l'objet quantique, essentiellement parce que l'on ne connaît pas suffisamment les conditions initiales, un peu comme dans la problématique du tirage à pile ou face avec une pièce dont le résultat est attribué au hasard faute d'avoir une meilleure connaissance de tous les paramètres qui entrent en jeu. On en revient de fait à la variable cachée avancée par Einstein qui part du même principe de non complétude de la théorie de la physique quantique. La théorie "deBB" présente l'avantage d'assurer une certaine continuité entre le monde quantique et la réalité ; on n'y parle plus du tout d'effondrement de la fonction d'onde.

Dans la pratique, selon cette théorie, l'électron existe vraiment avant sa mesure et sa trajectoire est bien déterminée, même si on ne la connaît pas avec précision. Elle permet donc de revenir à un certain déterminisme et une causalité, signifiant que tout effet a une cause, plus rassurant que l'incertitude probabiliste ou statistique. Le déterminisme reste présent au niveau de la particule même si on ne pourra jamais accéder à la connaissance de tous les paramètres, ne serait-ce qu'en raison de la limitation fondamentale de nos appareils de mesure. Malheureusement cette théorie est restée en second plan, loin derrière l'interprétation probabiliste de Bohr et de ses émules.

C'est toujours l'interprétation de Bohr qui est la plus largement enseignée aujourd'hui. On peut le regretter car il y a d'autres explications possibles et les débats centenaires sur la question sont loin d'être clos. La seule chose assez unanimement reconnue dans toutes les théories scientifiques modernes tient à ce qu'elles accordent à **tous** les objets une double nature d'onde et de corpuscule, bien que ce phénomène ne soit perceptible qu'au niveau de l'atome.

L'interprétation de Bohr dite orthodoxe de la mécanique quantique, celle de l'école de Copenhague rassemblant les antiréalistes, est toujours celle qui prédomine aujourd'hui. Le flou et l'indétermination qu'elle implique sont très difficiles à comprendre et ont le gros défaut d'entretenir un énorme mystère autour du monde quantique. Mais elle a engendré d'autres mystères aussi incroyables qu'inexplicables, à commencer par celui de l'intrication de particules quantiques.

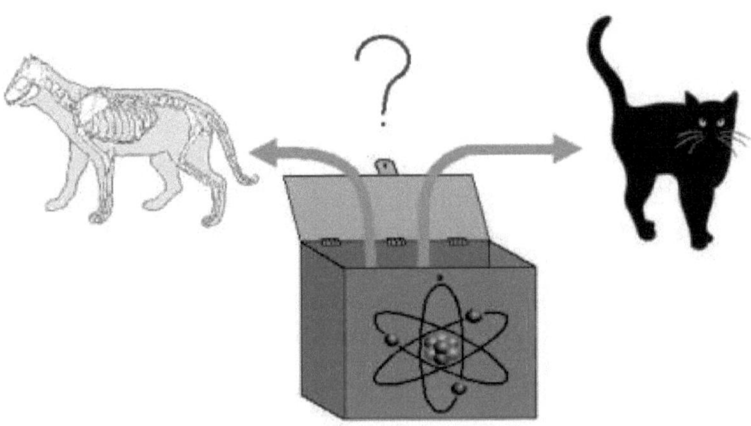

L'intrication

On a vu dans le sous-chapitre précédent qu'une particule quantique pouvait être dans deux états différents à la fois, ce qu'on appelle la superposition d'états, sachant que le mot "état" recouvre aussi bien une qualité intrinsèque de la particule que sa position ou sa vitesse. Mais il y a un phénomène encore plus extraordinaire en physique quantique : celui de l'intrication.

Les dictionnaires donnent du mot "intrication" la définition suivante : « Etat de ce qui est entremêlé, enchevêtré », mais il est un peu ambigu car on pourrait aussi bien l'appliquer au phénomène de superposition dont on vient de parler, à l'image du chat à la fois mort et vivant, un chat "enchevêtré" en quelque sorte. Pour parler d'intrication quantique, il faut considérer deux particules en état de superposition -ou groupements d'atomes puisqu'on arrive à l'observer avec des ions et même des molécules[1]- créées à partir d'un évènement initial commun, comme une collision ou la traversée d'un filtre. Ces deux particules peuvent se déplacer dans des directions différentes tout en restant intimement mêlées même si elles sont à des années-lumière de distance ! Elles resteront intriquées et non séparables en l'absence d'évènement extérieur. Prenons par exemple deux photons intriqués partis chacun de leur côté dès la création du couple : chacun sera porteur de la double information polarité verticale et polarité horizontale. Lorsqu'on mesurera la polarité de l'un, on est certain que son congénère parti de son côté à la vitesse de la lumière affichera instantanément la même polarité.

1 En 2019 une équipe internationale a réussi à placer dans un état de superposition quantique des molécules constituées de plus de 2000 atomes.

Ces photons séparés restent donc parfaitement solidaires jusqu'à ce qu'une mesure ou un évènement extérieur vienne perturber l'un des partenaires. De manière plus imagée : lorsque vous avez deux billes intriquées, l'une à Paris, l'autre à Papeete, portant chacune la double information de couleur "verte et rouge", si vous touchez la boule parisienne et voyez qu'elle devient verte, vous pouvez être certain que la boule tahitienne deviendra instantanément verte.

J'ai un autre exemple de mon cru pour illustrer le phénomène d'intrication de façon amusante, qui reprend le cas du bébé dans un état superposé "masculin et féminin". Comme pour les particules il en faudra deux cette fois-ci et voici mon histoire des jumeaux intriqués.

Un jour, au temps de l'âge des cavernes, une femme abandonnée au fond d'une grotte très obscure donne le jour à deux magnifiques bébés mais a le malheur de décéder au cours de son accouchement. Ce qu'elle ne pouvait pas savoir c'est que son ovocyte au moment de la fécondation avait formé deux embryons monozygotes, qui plus est quantiques par on ne sait quel miracle de la nature. Les vrais jumeaux sont donc nés dans un état quantique de superposition "mâle et femelle", sans qu'il soit possible de les distinguer. Heureusement pour eux, ils ont pu être allaités par une brave louve en mal de descendance qui vivait tout au fond de la caverne. Un jour nos deux petits anges (on peut les appeler comme ça à juste titre puisque leur sexe n'était pas encore déterminé) se sont mis à marcher et n'ont pas tardé à sortir de leur trou pour partir chacun de leur côté explorer la magnifique nature ensoleillée. Il ne se passa rien jusqu'à ce que l'un (ou l'une ?) se trouve soudainement au détour d'un arbre face à un ours, l'histoire dit parfois une belle jeune fille. La jeune fille, donc, aperçoit quelque chose qui pend entre les jambes du bambin et s'exclame « Oh, le mignon petit garçon ! ». Au même moment, son jumeau à l'autre bout de la forêt baisse la tête et découvre à sa grande surprise qu'il est doté d'un pénis ! N'est-elle pas mignonne mon histoire de Romulus et Remus revisitée ? La variable cachée d'Einstein était ici un chromosome X ou un cache-sexe…

Vous avez compris que le phénomène d'intrication est instantané et n'est pas affecté par la distance, on a été jusqu'à parler de téléportation quantique. En fait c'est l'état de la particule qui est téléporté, il ne s'agit aucunement de téléportation d'information et encore moins de matière. Il n'est pas question de transmettre par ce procédé des informations à une vitesse supérieure à celle de la lumière. L'information mesurée au départ sera toujours affectée d'une probabilité (50% dans notre exemple), empêchant de savoir avec certitude ce que l'on va transmettre.

Ce phénomène vraiment extraordinaire est aussi valable pour des couples plus complexes et des probabilités plus élaborées qu'un simple 50-50. On peut l'illustrer en imaginant que Paul a transmis un dé quantique à son ami Jules basé sur Mars : si Paul tire un "six", il saura que le dé de Jules affichera aussitôt un magnifique "six" aussi. Seul petit problème : il est incapable de prévoir à l'avance quel chiffre va sortir au tirage. Cette expérience incroyable est maintenant communément reproduite en laboratoire, faute de base sur Mars ou sur la Lune.

C'est le Français Alain Aspect qui a réussi en 1982 la première démonstration incontestable de téléportation en utilisant des photons intriqués à la distance de 13m (voir en annexe 1). En 2012 on a atteint le record de 143km entre des laboratoires situés sur les îles Tenerife et La Palma. En 2017 ce sont des physiciens chinois qui ont réussi la même expérience à 1200km de distance, entre les villes de Delingha et Lijiang, dans les montagnes du Tibet, via le satellite Mozi, alias Micius, dédié à l'expérience Quess (Quantum Experiments at Space Scale). Et ce n'est pas fini car de nombreux pays s'intéressent à cette propriété incroyable des systèmes quantiques en raison de ses implications dans des domaines tels que la sécurité, la cryptographie et l'informatique quantiques.

Toutes ces expériences ont montré que le désaccord d'Einstein sur ce principe dit de "non localité" n'était pas fondé. Il a pourtant cherché toute sa vie, en vain, à montrer la non complétude de la mécanique quantique et l'existence possible de variables cachées qui expliqueraient que les deux parties du duo intriqué acquéraient leurs caractéristiques au moment de leur séparation.

Pour contrer Niels Bohr, ardent défenseur de la non-localité, Einstein a même conçu en 1935 une expérience de pensée avec deux de ses collaborateurs, Podolsky et Rosen connue sous le nom de paradoxe EPR, initiales de ses concepteurs. Par ce paradoxe, leurs auteurs montraient qu'il y avait un élément de réalité qui sautait d'une particule à l'autre à une vitesse supérieure à celle de la lumière au moment de la mesure, donc en contradiction totale avec la relativité restreinte. Ils prouvaient ainsi qu'un élément de réalité n'était pas décrit par la fonction d'onde du système, donc que la mécanique quantique était incomplète. Bohr a plus ou moins admis que la non-séparabilité pouvait avoir des limites sans pouvoir préciser lesquelles, mais est resté sur sa position (celle de l'école de Copenhague) en arguant du fait que leurs hypothèses ne prenaient pas en compte la perturbation induite par l'appareil de mesure.

C'est après la mort d'Einstein et de Bohr que les choses ont progressé. D'abord grâce à un physicien irlandais du nom de John Bell qui s'est penché sur la question des variables cachées en 1964 pour défendre le point de vue d'Einstein. A l'aide d'une approche probabiliste assez complexe portant sur la corrélation des paramètres portés par les particules intriquées, il a trouvé une formule, connue sous le nom d'inégalité de Bell, permettant de lever le doute sur l'existence de ces hypothétiques variables cachées. Malheureusement pour lui et pour les idées d'Einstein, cette inégalité a permis de mettre sur pied des expériences qui ont confirmé leur inexistence.

Ces expériences n'ont pas cessé depuis les années 1970, tellement cette question était cruciale pour les futurs développements dans le domaine de la physique quantique et ses retombées industrielles. Alain Aspect, avec l'expérience décrite en annexe, a apporté la preuve indiscutable que l'inégalité de Bell était violée en utilisant pour ce faire des photons corrélés et des polariseurs. Il a pu ainsi montrer que deux particules intriquées forment bien un seul et unique ensemble, non séparable et non localisé comme si l'espace n'existait pas pour elles. Ce résultat a constitué une grande avancée dans la description de la physique quantique, sans toutefois lever le mystère de cette connexion étrange.

Rassurons-nous : il n'y a pas d'incompatibilité entre les physiques relativiste et quantique ! Chacune a ses limites ; on sait que la première s'applique vraiment bien aux objets cosmiques (mais pas aux contenus du Big Bang et des trous noirs) et la deuxième au microcosme atomique. Entre les deux, on cherche toujours la théorie capable de les relier, voire les unifier. De surcroît leur interprétation continue à poser problème pour savoir laquelle décrit le mieux la réalité de notre univers. Les idées abondent dans ce domaine au point que l'on ne sait plus très bien où donner de la tête. Deux ont été évoquées dans le sous-chapitre précédent : celle des univers parallèles d'Everett et celle, plus crédible, dite "deBB" (de Broglie-Bohm, pages 98 et 99), mais il y en a d'autres.

On a beaucoup parlé de superposition et d'intrication au niveau des particules et il est légitime de se demander si on peut observer ces phénomènes à une échelle plus macroscopique. Il existe effectivement un seuil au-delà duquel le monde quantique probabiliste se transforme en notre réalité observable et déterministe, mais on ne sait pas où il se situe, ni comment, ni pourquoi. On a appelé ce passage "décohérence" dont on va parler plus loin.

Depuis une trentaine d'années, de nombreux chercheurs ont travaillé sur la manière de grossir les objets quantiques et de les conserver pendant un laps de temps non négligeable. Ils ont commencé à créer des ions ou des paquets de photons, avec plus ou moins de succès. En 1999, des chercheurs de l'université de Vienne ont réussi à créer des macromolécules quantiques avec le fullerène C_{60}, une grosse molécule en forme de ballon de football. Le premier pas important a été franchi par le physicien français Serge Haroche avec ses "chatons de Schrödinger" qui atteignaient la taille d'une dizaine de photons piégés dans une petite cavité de miroirs presque parfaits. Ses travaux ont été couronnés par le prix Nobel de physique en 2012.

Depuis 2018 plusieurs laboratoires dans le monde ont réussi à réaliser des assemblages d'atomes intriqués encore plus importants. Ces assemblages sont certes très petits, de l'ordre du micromètre, mais contiennent quand même des milliards d'atomes. L'assemblage n'est conservé que dans un temps faible mais mesurable, d'une fraction de seconde jusqu'à la demi-heure. Parions que les progrès ne vont pas s'arrêter là, ne serait-ce qu'en raison de l'enjeu industriel que représente l'ordinateur quantique, encore utopique pour le moment. La course au qubit quantique ne fait que démarrer.

Mais les choses peuvent peut-être aller encore plus loin : certains physiciens n'hésitent pas à penser que l'on peut rencontrer le phénomène d'intrication dans l'espace, devinez où ? Dans les trous noirs ! Pour comprendre cela, il faut revenir à l'énergie du vide : une paire de particules quantiques, électron et positron par exemple, peut se former à tout instant dans le vide intégral puis disparaître un peu plus tard dès que l'une rencontre une autre antiparticule. Si cette création de particules se produit à la frontière d'un trou noir (son horizon des évènements) une des particules pourra continuer sa courte vie dans notre univers mais l'autre disparaîtra à jamais dans l'obscurité insondable du trou. Stephen Hawking a réussi à démontrer brillamment que ce phénomène provoquait un rayonnement (non encore détecté), à la manière d'un corps noir chaud, et qu'un trou noir pouvait se caractériser par sa température dont il a donné la formule. Vous ne serez pas étonné d'apprendre que l'on trouve dans cette formule la constante de Planck, la constante gravitationnelle, la constante de Boltzmann, la vitesse de la lumière et la masse du trou noir. Tout ça pour dire, en résumé, qu'un trou noir peut être assimilé à un objet quantique débordant de particules intriquées.

C'est là que l'histoire devient fascinante : des physiciens, dont Leonard Susskind, l'un des pères de la théorie des cordes, n'ont pas hésité à imaginer qu'il pouvait y avoir des trous noirs intriqués et distants. Cette paire de trous noirs serait susceptible de créer un trou de ver entre eux. L'idée du trou de ver n'est pas récente et a été émise en 1935 par Einstein et Rosen, encore eux ! Ce serait un véritable raccourci dans l'espace-temps entre deux régions de l'espace très éloignées l'une de l'autre. A l'image du vaisseau Startreck, on pourrait grâce à lui franchir des distances à des vitesses incroyablement supérieures à la vitesse de la lumière. Le seul problème est que l'on risque de réapparaître dans une région de l'espace totalement inconnue et, qui plus est, à une époque également méconnue dans le passé ou dans le futur et le retour n'est absolument pas garanti ! Ces distorsions spatio-temporelles appartiennent encore au domaine de la science-fiction, mais de nombreux physiciens croient à leur existence et elles apparaissent dans plusieurs théories on ne peut plus sérieuses.

Si maintenant on considère que deux trous noirs distants peuvent être intriqués dans un état quantique, il se pourrait qu'un trou de ver se forme entre eux pour constituer un véritable pont dans l'espace-temps entre les deux. On a certes réussi à observer très récemment les ondes gravitationnelles créées par la fusion de deux trous noirs, mais on est encore très loin de pouvoir détecter une paire de trous noirs intriqués et reliés par un ou plusieurs trous de vers.

Dans le domaine des particules, la superposition et l'intrication sont des phénomènes bien réels, observés et maîtrisés en laboratoire, même s'ils apparaissent toujours aussi étranges et mystérieux. La bataille fait rage, dans la perspective de l'informatique quantique et de méthodes cryptographiques révolutionnaires, pour agrandir la taille de ces objets et les conserver durablement dans le temps car ils ont la fâcheuse habitude de perdre très facilement leurs qualités quantiques. Ce retour à la réalité macroscopique est dû à la décohérence dont on ne comprend toujours pas le mécanisme qui la provoque.

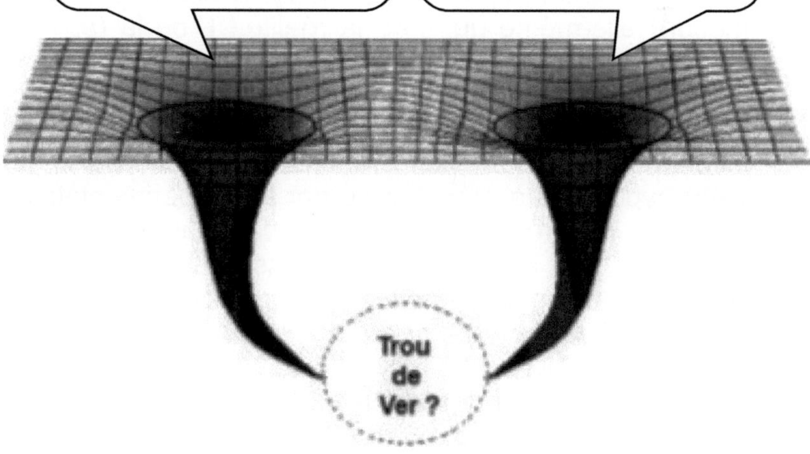

La décohérence quantique

Ce terme bizarre désigne le passage, toujours brutal et extrêmement rapide, de la cohérence quantique au monde bien réel dit "classique", comme si c'était notre environnement qui était incohérent, après tout c'est un peu vrai ! Des particules quantiques intriquées sont en effet, comme on l'a vu, fortement corrélées par un étrange lien invisible, justifiant cette appellation de décohérence lorsqu'il y a rupture de ce lien, le tout en concomitance avec l'effondrement de la fonction d'onde associée. Il s'agit donc du passage du flou quantique et probabiliste -mais "cohérent"- à l'ordonnancement bien matériel du monde réel. La première question qui vient à l'esprit est la suivante : qu'est-ce qui peut provoquer cette décohérence ?

La bonne réponse est qu'on ne le sait toujours pas et c'est peut-être là le principal mystère de la mécanique quantique. Rappelez-vous que certains tenants de l'école de Copenhague, tel Heisenberg, pensaient que c'était l'observateur ou l'observation qui déclenchait le passage dans la réalité, allant jusqu'à dire que c'est la mesure elle-même qui crée la réalité ! D'où la réplique ironique d'Einstein sur l'existence de la lune lorsqu'on ne la regarde pas. Ce dernier a essayé d'expliquer le phénomène par la présence de variables cachées inconnues et impossibles à détecter, mais on a vu que cette hypothèse a été infirmée par les expérimentations récentes. Malgré cela les variables cachées ne sont pas enterrées pour autant. Einstein pensait à des variables cachées locales que chaque particule emportait à leur séparation après avoir interagi dans une proximité intimement rapprochée mais des théoriciens supposent qu'il pourrait y avoir des variables cachées "non locales".

Le rôle de l'observateur ou de son instrument de mesure reste néanmoins difficile à concevoir. Revenons par exemple au chat de Schrödinger enfermé dans son carton avec un dispositif radioactif mortel. L'évènement qui provoque la réalité observée du chat ronronnant ou rongé par les vers réside dans l'ouverture de la boîte au temps T. Si maintenant on imagine que cette boîte est en verre transparent, que va-t-il se passer si on ne quitte pas le chat des yeux, avec l'aide d'une caméra si nécessaire ? Soit il ne se passera rien du tout jusqu'au temps T, soit on assistera à l'agonie brutale du chat au bout d'un temps $t < T$; lequel temps t est impossible à prévoir car lié au caractère aléatoire de la désintégration de l'isotope radioactif du cruel dispositif. Dans cette version le chat n'aura jamais été à la fois mort et vivant et on ne peut donc pas dire qu'il est dans un état quantique superposé. Le simple fait de remplacer la boîte opaque par du verre modifie complètement les conditions de cette expérience de pensée, et l'observateur (humain ou caméra) n'a plus aucune action sur le passage à la réalité féline.

Autre exemple plus sérieux et bien expérimenté : le cas du photon polarisé dans un état de superposition cohérente, à la fois horizontal et vertical. On pourra dire qu'il est "à la fois" H et V, comme le chat "à la fois" mort et vivant parce que, si on l'envoie sur un analyseur orienté à 45°, il aura effectivement 50% de chances d'être détecté dans la position H ou 50% dans la position V en perdant son état de superposition. Maintenant si on envoie ce même photon sur un analyseur orienté H ou V, soit il passe comme si de rien n'était, soit il est réfléchi, ceci sans aucune modification de son état de superposition. Le résultat est donc très différent après une simple modification du système de détection.

Pour en revenir au chat, ce qui est vraiment quantique dans sa boîte, c'est l'atome radioactif naturel. Selon l'atome considéré il se désintègrera en plusieurs sous-produits, avec émissions de particules dont, dans tous les cas de figures, des photons énergétiques (émission gamma). Si on met cet atome sous haute surveillance en l'entourant de toutes sortes de détecteurs, est-ce que cela va influer sur l'instant de sa désintégration ? Je ne le pense pas, en tous cas pas plus que dans le cas du chat observé dans sa cage de verre. Ce qui veut dire qu'il ne faut pas chercher la cause de la décohérence dans la simple observation ou dans le système de mesure aussi sophistiqué soit-il.

La théorie de la décohérence généralement admise à ce jour et enseignée dans les universités repose sur les interactions avec l'environnement. Ce n'est pas la simple présence d'un observateur qui va provoquer ce phénomène mais une action de l'environnement au sens large dont les instruments de mesure font évidemment partie. Ce sont ces interactions qui provoquent la disparition rapide des états superposés ou intriqués. Un système quantique ne peut pas être considéré comme isolé, il faut le replacer dans un environnement global, allant jusqu'à la totalité de l'univers : la collision avec une quelconque particule cosmique peut provoquer la décohérence.

On arrive aujourd'hui à faire des appareils de mesure et de laboratoire incroyables, aucun des savants ayant participé au congrès de Solvay en 1927 n'aurait cru qu'il soit possible de les réaliser. Concernant les photons, les particules les plus communément utilisées pour les expériences de superposition et d'intrication, on trouve maintenant dans le commerce spécialisé des émetteurs de photon unique et on est capable depuis très récemment d'observer un photon sans le détruire. Jusqu'à présent, en effet, toute détection de photon était destructrice, à commencer par sa réception sur la rétine : il est aussitôt transformé en autre chose, autre particule, courant électrique, etc.

Ces appareils ont permis d'observer plus finement et de confirmer l'existence des états quantiques superposés ou intriqués. Par exemple, un photon unique envoyé sur une paire de fentes de Young passe bien par les deux fentes à la fois ! L'ubiquité des particules quantiques, photons, électrons ou autres ne fait plus aucun doute. Sous son aspect ondulatoire, on a pu vérifier aussi que le photon unique pouvait effectivement s'interférer avec lui-même et générer des franges d'interférences si on envoie une rafale de photons "uniques" successifs.

Grâce à ces appareils, le domaine quantique est cerné de toutes parts, mais ce n'est pas pour autant que l'on arrive à expliquer le phénomène de décohérence. On est toujours incapable d'expliquer ce qui le provoque. Cette question lancinante a un corollaire tout aussi gênant : on est incapable de prévoir quand il aura lieu. On en sait plus dans le cas de l'atome radioactif puisqu'il est réputé avoir 50% de chances d'être désintégré au bout du temps T, sa période de désintégration, bien qu'on reste incapable de prédire à quel moment cela va se produire.

L'ordinateur quantique, dont la puissance de calcul fabuleuse fait rêver, ne verra le jour que si on arrive à mieux contrôler l'instabilité des qubits quantiques due au phénomène de décohérence. Celle-ci provoque en effet la perte de l'information constituée, par exemple, par le spin d'un électron d'un atome bien précis ou d'un ion piégé (on remplace un bit par un vecteur bien plus riche en informations). Le problème principal tient au fait que ces fameux qubits sont trop vite "décohérés" dès qu'on en met une dizaine en jeu, à cause de l'effet de taille et des interactions avec leur environnement (lumière, champ magnétique, agitation thermique, etc.), alors qu'il en faudrait un bon millier. De plus, le temps de maintien en cohérence est encore inférieur à la durée des calculs qu'ils sont censés faire ! Enfin, il faudra mettre au point les algorithmes capables de les gérer et de traiter efficacement les erreurs inévitables. Si l'on ajoute le fait que ce sont de véritables usines à gaz, cryogéniques qui plus est pour les besoins de la supraconduction, on comprend pourquoi ces ordinateurs ne sont pas près d'être opérationnels à court terme.

IBM a annoncé en janvier 2019 avoir mis au point deux systèmes capables de gérer 20 et 50 qubits maintenus dans un état quantique pendant 90 microsecondes, un record industriel battu fin 2019 par Google avec 53 qubits. Le CNRS, à Grenoble, n'est pas en reste dans ces recherches et travaille sur la voie de l'ordinateur quantique photonique, à base de photons polarisés.

Sur le sujet du temps de maintien en cohérence, les physiciens ont montré et vérifié que le temps de cohérence d'un groupe de particules est inversement proportionnel au nombre de particules composant ce groupe. Plus l'objet superposé est composé d'un grand nombre de particules, plus les superpositions disparaissent rapidement. Ils ont même pu calculer, avec des modèles simples, des valeurs théoriques de temps de cohérence. Un agrégat moléculaire pourrait ainsi rester "cohérent" pendant onze jours dans le vide intergalactique, mais si on prend une poussière mille fois plus grosse dans les mêmes conditions, elle ne pourrait subsister qu'une petite microseconde. Que dire alors d'un chat ou d'un homme à la fois mort et vivant dans l'atmosphère terrestre ?

Que dire aussi de l'univers ? Si l'on en croit la théorie du Big Bang, communément admise aujourd'hui, notre univers à son origine était un amas incroyable de particules dans un volume de la taille d'une noix, donc indéniablement quantique. Alors de deux choses l'une :

- ou notre univers serait toujours quantique dans son intégralité donc constitué de myriades de particules superposées ou intriquées, à moins qu'il ne soit lui-même corrélé, superposé, intriqué, avec un ou des univers parallèles,
- ou il ne l'est plus après avoir subi une décohérence au début de sa jeune existence, moment que l'on pourrait logiquement situer au déclenchement de son inflation, moment où les photons ont été soudainement libérés dans l'espace. Mais alors quelle interaction extérieure ou quel environnement aurait pu provoquer cette décohérence ? Un autre univers, le regard d'un observateur extérieur ou la main de Dieu, on peut tout imaginer.

115

Le mystère quantique

Le monde quantique, à commencer par le phénomène de décohérence, est décidément toujours aussi mystérieux, même si le génie humain arrive à exploiter astucieusement quelques-unes de ses spécificités. Le principal problème réside dans la non-compatibilité entre la relativité générale et la physique quantique. C'est pour cette raison que des recherches actives sont menées un peu partout pour savoir ce que devient la gravitation au niveau des particules. De plus, il commence à y avoir une pléthore de théories quantiques concurrentes et les paris sont ouverts pour savoir laquelle finira par donner la bonne interprétation de la réalité.

Si on arrive à lever ne serait-ce qu'un morceau du voile sur le mystère quantique, on progressera ipso facto sur les autres mystères. Tout d'abord le temps dont on a vu qu'il pouvait présenter un aspect quantique et particulaire. Il ne faut pas oublier que le temps est inclus dans la fonction d'onde des particules, celle qui a une fâcheuse tendance à s'effondrer dès qu'on tente de faire une observation. Certains vont même jusqu'à penser que le phénomène de décohérence est à l'origine de la flèche du temps, l'idée est intéressante et mérite d'être creusée. Le mystère de la gravitation ensuite, puisqu'on cherche à savoir si elle est purement "classique", c'est-à-dire régie uniquement par la relativité générale, ou si elle peut avoir un effet sur les particules et même y trouver son origine comme beaucoup le pensent.

Les deux théories les plus en vue dans ces recherches sur la gravitation quantique sont la théorie des cordes et celle des boucles (de quoi faire un véritable sac de nœuds !). Il y en a d'autres, mais toutes ont le même but : théoriser cette interaction fondamentale, la plus faible de toutes, pour voir si elle peut exister, voire être créée, au niveau des particules.

Pour essayer de comprendre la mécanique quantique, j'ai déjà mentionné trois interprétations possibles, plus ou moins crédibles, et chacune a ses limites :

- celle de l'école de Copenhague qui affirme qu'il faut se contenter de l'approche probabiliste car on ne pourra jamais aller plus loin ; elle a un très grand nombre d'adeptes mais reste délicate à admettre et est même taxée d'antiréalisme ;

- celle d'Everett, très minoritaire dans le monde scientifique tant elle est difficile à concevoir avec son implication d'une infinité d'univers multiples, mais elle a des variantes plus sobres en univers ;

- celle dite "deBB" (pour de Broglie-Bohm) qui a l'intérêt de rétablir un certain déterminisme dans les mouvements et les positions des particules, mais elle a aussi ses limitations.

Ces interprétations correspondent à trois manières différentes d'appréhender le monde de la "cohérence" quantique. Ce sont les plus répandues mais il en existe d'autres beaucoup moins connues que celles-ci, non mentionnées ici pour cette raison et le fait que la plupart présentent aussi le grave défaut à mes yeux de ne pas aborder le problème de la gravitation au niveau des particules. Il y a cependant une exception intéressante, une des rares à faire intervenir la gravitation au niveau particulaire.

Cette interprétation est une variante des modèles dits "de réduction dynamique" de l'onde de Schrödinger conçue en 1986. Elle est basée sur l'idée que la décohérence avec effondrement de la fonction d'onde ne se fait pas à la suite d'une mesure ou d'une interaction avec l'environnement comme l'affirme l'interprétation de Copenhague, mais se fait de façon naturelle, spontanée. Elle a été élaborée au prix d'une légère modification de l'équation de Schrödinger en y ajoutant un petit terme aléatoire de très faible probabilité.

Avec cette modification, une particule quantique pourrait se matérialiser spontanément lors d'un évènement appelé "flash" par ses concepteurs. Le phénomène, qui n'a rien à voir avec une émission de lumière, serait extrêmement rare, mais étant donné qu'il y a des milliards d'atomes dans le plus minuscule des morceaux de matière (1000 milliards par exemple dans une simple cellule de notre corps), il est susceptible de se produire d'autant plus vite que le morceau considéré est gros. La particule rentrerait ainsi brutalement dans la réalité, sortant de son état de superposition pour être aussitôt dotée d'une masse et d'une vitesse en un point précis de l'espace. Elle crée de ce fait un micro champ de gravitation autour d'elle susceptible d'influer des particules voisines et provoquer des flashs en cascade dans son environnement immédiat, les particules plus éloignées restant toujours dans leur flou cohérent et probabiliste.

Ce modèle sera certainement amélioré prochainement, voire détrôné par une autre interprétation, mais il aura eu l'immense avantage de permettre de concevoir des expériences capables de vérifier si oui ou non la gravité existe au niveau des particules. Certaines sont d'ores et déjà lancées.

Sans rentrer dans les détails, la première consiste à étudier de très près la chute libre de deux microdiamants extrêmement proches contenant des électrons intriqués ; la seconde met en œuvre deux sphères de la taille du micron, dont l'une serait mise dans un état de superposition de deux positions grâce à un laser pour mesurer si la gravitation quantique qu'elle est soupçonnée de générer va influencer le comportement de l'autre microsphère voisine. Ces expériences de laboratoire risquent de prendre plusieurs années tant elles sont délicates et complexes à monter mais elles vont pouvoir permettre de lever le doute sur la vraie nature de la gravitation, classique ou quantique.

Si jamais la gravitation ne se révèle pas quantique, elle restera alors reléguée dans notre espace-temps et n'aura plus grand-chose à voir avec les trois autres interactions fondamentales qui, elles, restent confinées au cœur de la matière. Si la gravitation est d'origine quantique, il restera le délicat problème de la relier à la gravitation "einsteinienne". Dans tous les cas, la chasse au graviton continuera et ces expériences permettront au moins de faire un tri dans la foule des théories échafaudées de tous côtés ces dernières décennies.

Parmi les autres conséquences importantes de ce type d'expériences, il en est deux très attendues. Selon la nature de la gravitation, quantique ou non, il faudra probablement revoir notre conception de la trame de l'espace-temps et revoir aussi le modèle standard de classification des particules élémentaires qui ne survit qu'à coups de manipulations savantes, les très artificielles "renormalisations". L'affaire est donc particulièrement importante et, s'il y a une activité scientifique à suivre en priorité, c'est bien l'actualité des recherches sur la gravitation quantique, cheval de bataille de deux des plus grands mystères de la physique moderne.

Gravitation et interprétation quantique sont donc intimement liées et il ne reste plus qu'à espérer trouver enfin la bonne théorie capable d'expliquer la transition entre le microcosme quantique et le monde "décohéré" et pesant. Il est rassurant de constater que la recherche mondiale est hyperactive dans ce domaine et que beaucoup de jeunes s'y précipitent avec enthousiasme. En parlant de graviton, vous êtes-vous demandé ce que peut recouvrir le mot "particule", peut-être celui que j'ai le plus utilisé dans ce livre ?

5. ENCORE UN MYSTÈRE

« À la fin comme au commencement, le monde est mystère. Ce mystère existe ou foisonne dans la moindre particule de l'univers. Ce n'est pas une question de taille ou de distance, de grandeur ou d'obscurité lointaine. Tout dépend de la façon dont on considère le monde. »

Henry Miller
(*Virage à 80*)

« Dieu, dont on croit parfois entrevoir le fantôme, Dépense à chaque instant l'infini pour l'atome. »

Victor Hugo
(*Moi, l'amour, la femme*)

Le modèle standard des particules

Depuis que l'Homme essaye de comprendre le cœur de la matière, la taille de ses composants élémentaires n'a pas cessé de diminuer. On est ainsi passé de l'atome grain de matière de Démocrite à l'atome planétaire plein de vide : un noyau avec des électrons en orbite. Le dit noyau a ensuite été décortiqué en neutrons et protons, eux-mêmes ultérieurement subdivisés en quarks et autres gluons. Si la taille des particules n'a fait que diminuer, leur nombre, en contrepartie, n'a fait qu'augmenter au fil des années et de la puissance des accélérateurs. Le besoin s'est donc fait sentir depuis les années cinquante de classifier toutes ces particules. Le problème est même devenu crucial dans les années soixante avec la découverte des quarks par Murray Gell-Mann (prix Nobel en 1969 pour cette raison).

Les physiciens ont rêvé de trouver un tableau de classification similaire à celui de Mendeleïev utilisé en chimie, dans lequel un rangement par masse des atomes (elle-même liée au nombre de protons et de neutrons) avec un regroupement astucieux a permis de mettre en évidence des propriétés communes. Il a maintenant 150 ans de bons et loyaux services qui lui ont permis de s'enrichir de quelques éléments nouveaux très lourds mais très fugitifs. On est ainsi arrivé à l'élément n° 118 en 2015, alors qu'il s'arrêtait au n° 103 en 1964. Les physiciens ont donc créé leur tableau des particules élémentaires pour étayer la théorie dite du modèle standard, issue de la théorie quantique des champs et basée sur la théorie de jauge qui classe les particules selon des symétries dites de jauge (voir en annexe 2). Il s'est enrichi du quark top en 1995, du neutrino tauique en 2000 et du boson de Higgs en 2012.

Dans ce tableau on distingue deux familles : les bosons, sur lesquels on reviendra plus loin, et les fermions élémentaires, eux-mêmes subdivisés en quarks et en leptons. Ces fermions ont été classés en trois "générations" (colonnes I, II et III) qui regroupent les particules similaires avec des masses allant croissant de l'une à l'autre. Pour la petite histoire, le neutrino, en fait l'antineutrino électronique, postulé par Pauli en 1930, a été confirmé expérimentalement pour la première fois en 1956. On lui a attribué une masse nulle jusqu'en 1998, date à laquelle des expériences ont permis de lui conférer une masse, certes très faible, mais réelle.

Il faut savoir que la matière ordinaire, celle que l'on trouve sur la Terre, est formée de seulement quatre fermions élémentaires :
- les quarks up et down qui forment les nucléons de tous les noyaux des atomes (protons et neutrons),
- l'électron,
- le neutrino électronique provenant de la radioactivité β.

Les autres fermions existent bien, mais à quoi servent-ils ? On ne sait pas trop...

Si l'on tient compte du fait qu'il y a huit variétés de gluons, ce tableau rassemble les 25 particules élémentaires connues, à l'existence confirmée. Dans la pratique, il y a en bien plus de 25 si l'on compte les antiparticules. Il ne mentionne pas, non plus, les particules plus grosses qui sont des assemblages comme les hadrons. C'est normal puisque ceux-ci, tels les neutrons et les protons qui étaient considérés comme élémentaires jusqu'à la découverte des quarks, sont composés de quarks, d'antiquarks et de gluons. Il est normal aussi que ce tableau ne fasse pas encore apparaître les particules dont l'existence n'est pas confirmée ou reste purement théorique comme le graviton, l'axion, l'inflaton et autre WIMP (Winkly Interacting Massive Particle), sans parler de la matière noire censée représenter un peu plus du quart de la matière dans l'univers observable.

On sait donc que ce tableau est incomplet, mais il a le mérite d'exister. Quand on l'examine de près, on s'aperçoit qu'il rassemble bien des particules quantiques et encore "élémentaires" aujourd'hui, mais c'est très disparate. D'abord les rapports de masse sont effrayants, jusqu'à l'infini même si on tient compte des gluons et photons réputés avoir une masse nulle. Ensuite certaines particules baptisées "bosons de jauge" ont un caractère très particulier, ce sont les porteurs des interactions fondamentales :
- les gluons sont les porteurs de l'interaction forte,
- les bosons $W^{\pm}$ et Z^0 sont porteurs de l'interaction faible,
- le photon est porteur de l'interaction électromagnétique

Quant au célèbre boson de Higgs, certains physiciens n'hésitent pas à dire qu'il ne s'agit pas vraiment d'une particule mais qu'il faudrait plutôt parler de "champ de Higgs" qui est à l'origine de la masse des autres particules. Ce qui n'empêche pas qu'on le voit trôner maintenant en bonne et due place dans le tableau.

Le modèle standard ne représente finalement que 5% de l'ensemble énergie-matière de l'univers et n'a pas encore réussi à prendre en compte la gravité. Il est certain que le modèle standard présente des failles au regard des théories en cours. Pour éviter de voir apparaître des infinis gênants dans des développements théoriques de la physique des particules, on a eu recours à un procédé mathématique complexe appelé de manière absconse "renormalisation" et que des physiciens n'ont pas hésité à qualifier de "tour de passe-passe".

La meilleure théorie qui devrait permettre d'aller au-delà de ce modèle est celle de la supersymétrie, "SuSy" en abrégé. Elle associe un "super partenaire" à chaque fermion mais aucun n'a encore été trouvé, si bien que son avenir est encore incertain. Le modèle standard reste donc pour le moment une création mathématique un peu abstraite qui s'accorde bien aux expériences, mais on n'est pas sûr qu'il décrive vraiment la réalité. Quand va-t-on trouver des particules plus élémentaires ?

On peut se demander pourquoi avoir fait ce tableau alors que quatre particules suffisent pour construire toute la matière connue autour de nous. Peut-être pour le plaisir d'y ajouter les nouvelles particules que l'on ne va pas manquer de découvrir (j'aimerais bien y voir figurer le tempino[1] !) ? Il est critiqué par de nombreux physiciens : certains, comme Hawking, le trouvent "laid", d'autres le qualifient de trop flexible. Incidemment j'ai répertorié six représentations différentes de ce tableau qui agencent différemment les mêmes cases. Il est surprenant aussi de constater qu'il ne concerne en rien la relativité générale ; il faudra attendre pour cela la découverte du graviton ou la bonne théorie de la gravitation quantique.

---

1 Appellation que j'ai proposée pour la particule de temps afin de ne pas la confondre avec le "chronon" qui n'a désigné jusqu'à une date récente que la durée minimale mesurable, supérieure ou égale au temps de Planck.

Peut-être ne faut-il voir finalement dans ce tableau qu'une liste à la Prévert des particules supposées à ce jour élémentaires, destiné à illustrer les différentes théories obligées de tenir compte des découvertes expérimentales non contestées. Il est certain qu'il n'a pas la puissance et la stabilité de la classification périodique de Mendeleïev, et il faut s'attendre à ce qu'il subisse prochainement une modification profonde.

Mais, au fait, qu'est-ce qu'on appelle exactement une particule ? Avant de tenter de répondre à cette importante question, examinons d'un peu plus près le cas intéressant d'une des plus connues : le photon.

L'extraordinaire photon

En 1905, pour expliquer l'effet photoélectrique, Einstein a pensé à reprendre l'idée des quanta de Planck pour l'appliquer à la lumière. Il a ainsi introduit l'idée que la lumière était de nature corpusculaire et que l'énergie de ces quanta était proportionnelle à la fréquence de l'onde : E=h.v (h constante de Planck, "nu" fréquence). C'est d'ailleurs cette théorie qui lui a valu d'obtenir le prix Nobel, et non pas celle de la relativité. Beaucoup plus tard, en 1915, un physicien américain, Millikan, a montré qu'Einstein avait raison en prouvant l'existence des quanta d'énergie lumineuse. Et c'est encore plus tard, en 1926, que ces quanta ont été baptisés "photons".

La question de la nature du photon a alors véritablement lancé la bataille "onde ou corpuscule ?". Rappelons à ce sujet le remarquable travail de Louis de Broglie, qui lui a valu aussi le prix Nobel de physique en 1929. Son hypothèse consistait à affirmer que <u>tout</u> grain de matière (donc aussi les électrons, les neutrons, etc.) est doté d'une onde associée, ce qu'on a appelé la dualité onde-particule. De plus, la longueur d'onde λ de la particule est reliée à sa quantité de mouvement p par la formule très simple :

$$\lambda = h\,/\,p \quad \text{(h constante de Planck)}$$

La bataille a duré pendant des décennies et n'est pas complètement terminée, bien qu'il soit maintenant généralement admis qu'un objet quantique est à la fois onde et particule. La vraie question aujourd'hui consiste à savoir s'il présente ces deux aspects en même temps. On sait que cet objet présentera l'un ou l'autre de ces aspects en fonction de l'appareil de détection utilisé.

Rappelons-nous à ce sujet que Bohr et ses partisans de l'école de Copenhague pensaient que c'était l'appareil de mesure qui provoquait la matérialisation du photon ou de toute autre particule quantique, sous forme d'un corpuscule ou d'une onde. Les "réalistes", quant à eux, pensent que le photon présente simultanément les deux aspects et que c'est la nature du détecteur qui fait qu'il sera vu sous une forme ou l'autre. Je pense pour ma part que ce sont eux qui ont raison.

Pour illustrer ma pensée, je vais comparer le photon à un délicieux caramel au chocolat noir. L'état pâteux se prête bien en effet à la dualité solide/liquide. Comment vérifier qu'il est l'un ou l'autre ? Si je le bombarde de quelques photons, je vais m'apercevoir qu'il est dur et opaque et j'en déduis donc qu'il est solide. Si j'intensifie beaucoup le flux lumineux, il va finir par fondre et se liquéfier. Changeons maintenant d'appareil de mesure en versant le caramel liquide sur une plaque de marbre froid que j'incline : le caramel va couler vers le bas sous l'effet de la gravité, mais il va finir par se figer et se solidifier sous l'effet de la basse température du marbre. Notre brave caramel présente bien une dualité liquide/solide, et c'est bien le choix du mode de mesure qui le fera apparaître très dur ou coulant. On peut donc dire que c'est l'instrument de mesure ou le procédé utilisé qui va privilégier un aspect ou l'autre, sans changer la nature profonde du caramel ou du photon !

Le photon est sans conteste l'objet quantique le plus répandu dans l'univers. On peut aller jusqu'à dire que le photon est l'archétype du quantum, celui qui a vraiment lancé la mécanique quantique et qui est le plus utilisé dans la plupart des expériences, depuis les débuts de l'optique jusqu'aux lasers de puissance, en passant par les fentes de Young. Il nous est plus perceptible que l'électron, à qui l'on doit quand même l'électricité et l'informatique, car c'est lui qui nous permet de percevoir le monde visible, et même invisible quand il s'agit de rayons X ou gamma et autres infrarouges ou UV.

En regardant de plus près ses caractéristiques on voit immédiatement ses qualités extraordinaires. En premier lieu, il se déplace à la vitesse de la lumière, vitesse que personne d'autre que lui ne peut atteindre. Sa trajectoire est une ligne droite, sauf quand la gravitation se mêle de la courber, auquel cas il suit ce qu'on appelle une géodésique de l'espace-temps. Il peut avoir une infinité de couleurs en lien direct avec sa fréquence, donc son énergie. Il est aussi doté d'une polarisation qui l'oriente dans l'espace. Encore plus remarquable : il n'a même pas de masse ! A moins que l'on ne lui en attribue une plus tard, comme cela a été le cas pour les neutrinos. Du coup, la première question qui vient à l'esprit est la suivante : s'il n'a pas de masse, son énergie devrait être nulle d'après la relation $E = mc^2$!

En fait, la célèbre formule n'est pas applicable au photon car m représente la masse de quantité de matière au repos, or un photon n'est jamais au repos. On sait le ralentir, ne serait-ce qu'en lui faisant traverser du verre, il semblerait même que des chercheurs aient réussi à l'arrêter totalement au cœur de cristaux ou d'un nuage d'atomes ultra froids. Mais il ne faut pas croire pour autant que le photon est pétrifié sur place : il continuera à vibrer jusqu'à trouver une échappatoire ou disparaître définitivement.

Le photon a une autre caractéristique incroyable : quand il se déplace dans l'espace, en dehors de toute collision bien sûr, il ne perd pas une once d'énergie et conserve donc la même fréquence, même après un parcours de plusieurs milliards d'années-lumière. On pourrait aller jusqu'à lui attribuer le titre de parangon du mouvement perpétuel, le Graal des mécaniciens et des physiciens ! Malgré leurs nombreuses tentatives les Hommes n'ont jamais réussi à créer un mouvement perpétuel sur Terre et ont fini par dire qu'il était impossible à réaliser en vertu des lois de la thermodynamique. Le photon échapperait-il à ces lois ?

Le photon unique, que l'on arrive maintenant à produire sans aucun problème en laboratoire, a des propriétés quantiques vraiment extravagantes, à commencer par son don d'ubiquité. Si on l'envoie sur un écran percé de deux trous rapprochés, il va passer par les deux à la fois, mais peut-être pas tout à fait en même temps (je vais y revenir). Il a aussi le talent de pouvoir faire des interférences avec lui-même ! Comme toutes les autres particules quantiques, y compris de gros assemblages de particules élémentaires, il peut être dans deux états superposés, en prenant par exemple sa polarisation comme caractéristique à mesurer (horizontale ou verticale, mais sans rapport avec l'horizon terrestre !). La probabilité du résultat de la mesure sera donnée par l'équation de Schrödinger, pas forcément limitée à une chance sur deux, comme le chat mort-vivant, mais elle pourrait être aussi bien du 70%-30% ou du 20%-80% selon les cas de figure ou les conditions expérimentales.

Autre avantage du photon : il serait bien meilleur pour jouer à pile ou face qu'un simple lancer d'une pièce de monnaie. On sait qu'un tirage avec une pièce de monnaie, non pipée évidemment, ne donne pas du "vrai" hasard à cause de son caractère déterministe masqué par l'impossibilité de prévoir le résultat. Le photon peut nous donner un hasard bien plus "pur", d'origine quantique donc. Il suffit pour cela d'envoyer notre photon unique vers un miroir semi-réfléchissant. De deux choses l'une : ou bien il poursuit sa trajectoire comme si de rien n'était, ou bien il se réfléchit sur le miroir.

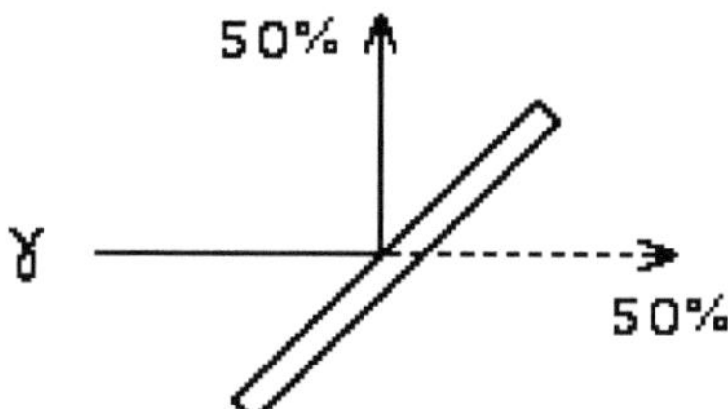

La mécanique quantique prévoit une probabilité de 50% pour chacun des deux cas, vérifiée de manière extrêmement précise sur un très grand nombre de mesures.

Cette propriété est utilisée pour créer des nombres vraiment aléatoires, par opposition aux générateurs de nombres semi-aléatoires obtenus à partir d'algorithmes manipulés par des ordinateurs. On place pour cela un détecteur de photon sur l'une des directions en sortie du dispositif ci-dessus qui enverra un bit, 0 ou 1, à chaque photon émis et le tour est joué.

Passons maintenant à une autre propriété difficile à comprendre du photon, à savoir sa relation avec le temps. En relativité restreinte, le photon est réputé avoir un "temps propre" nul, ce qui signifie que sitôt parti il est déjà arrivé puisque, dans son référentiel, il se déplace à la vitesse de la lumière dans le vide et que rien ne peut aller plus vite que lui. Ce constat semble vouloir dire que le temps n'a pas de signification pour le photon. Il n'a ni passé, ni futur et il n'y a donc que le présent pour lui ; il est le point "o" du cône de lumière illustré en page 67. Difficile à imaginer n'est-ce pas ?

Essayons une autre image : le photon qui se déplace dans le vide ne peut absolument rien "voir" derrière lui puisque rien ne peut le rattraper, pas même un autre rayon lumineux. C'est le noir absolu dans son rétroviseur et il n'a donc pas de passé. Quant à son futur, ce qu'il pourra percevoir, ce sont uniquement des évènements, c'est-à-dire des particules capables de l'intercepter, qui peuvent être d'autres photons bien sûr, mais il ne s'en apercevra qu'au moment de l'impact qui sera son seul "présent".

Le photon ignorerait-il donc totalement la notion de temps ? Pas tout à fait quand même puisque, en tant qu'onde, il se caractérise par une fréquence invariable tant qu'il n'entre pas en interaction avec autre chose. On peut dire que c'est un excellent métronome, un paradoxe de plus pour cette extraordinaire particule !

Mais ce n'est pas fini... Le photon est réputé pour ne pas avoir d'antiparticule, tout comme les gluons et l'hypothétique graviton. Cela n'empêche pas un photon énergétique de donner naissance à une particule et son antiparticule, un électron et un positron (schéma P. 54).

Ce phénomène est avéré, ce qui l'est beaucoup moins c'est l'existence possible du photon noir. Sans entrer dans les détails, des physiciens en ont émis l'idée récemment, en imaginant que les transferts d'énergie au sein de la matière noire pourraient se faire par un boson très fugitif qu'ils ont baptisé photon noir. Mais ce dernier, en plus du fait qu'on ne le voit pas, aurait une très faible masse et se déplacerait donc moins vite que la lumière ; il n'a donc pas grand-chose à voir avec le classique photon. Cependant l'affaire est prise au sérieux puisque la Commission de la recherche du CERN a approuvé la mise en place d'une expérimentation destinée à le traquer et prévue pour débuter en 2021.

Pour en revenir à notre héros, comment peut-on imaginer qu'une particule sans masse, sans charge, sans temps propre, sans antiparticule, qui conserve son énergie et sa fréquence en l'absence d'évènement extérieur, puisse se présenter simultanément sous la forme d'une onde et d'une particule ? Concernant cette double apparence on a vu que la superposition quantique est cassée par toute interaction, à commencer par celle de l'appareil de mesure : un interféromètre ne trouvera que des ondes, un radiomètre uniquement des particules. On a vu aussi que la vraie question portait sur la simultanéité effective des deux formes.

Pour essayer de mieux comprendre le phénomène, j'ai trouvé une comparaison simple et sans prétention qui permet de bien mettre en image ce qui peut se passer au niveau atomique. Dans mon analogie le photon corpuscule est assimilé à une petite goutte d'eau qui tombe sur un plan d'eau, donc rigoureusement la même matière atomique H_2O, en y créant un train d'ondes circulaires. Mais les choses se compliquent un peu au moment de l'impact de la goutte d'eau : elle va rebondir sur le plan d'eau (pas forcément les mêmes molécules dans la réalité mais peu importe) et ressortir vers le haut pour mieux retomber à nouveau et recréer un nouveau train d'ondes. Si cette belle séquence se reproduit vraiment très vite et sans perte d'énergie, on commence à deviner ce qui va se passer : il y aura toujours une goutte qui monte ou qui descend et un train d'ondes entretenues autour d'elle.

Si le plan d'eau se déplace un tant soit peu -on peut supposer à la vitesse de la lumière- pendant le très court laps de temps entre deux chutes consécutives, il y aura formation de belles interférences générées par les deux impacts successifs. Imaginez ensuite que toutes ces molécules d'eau soient réunies en une seule et vous avez le photon ! Si le film passe à la vitesse du temps de Planck, on comprend que l'on puisse tomber sur l'image "goutte", c'est-à-dire sur la particule, ou sur l'image "ondes" 10^{-43}s plus tard. Cette analogie a évidemment ses limites et est à prendre seulement comme une approche imagée du photon. Elle a juste pour but de mieux appréhender cette particule tantôt corpuscule, tantôt onde. Vous remarquerez que j'ai introduit la durée de Planck dans la séquence, je suppose donc hardiment que la dualité onde-corpuscule est séquentielle à cette minuscule échelle de temps. Cette image n'est pas incompatible avec l'idée de l'onde-pilote conçue par Louis de Broglie : une goutte "corpuscule" surfant sur l'onde qu'elle a elle-même engendrée.

Si l'on revient sur le cas de la lame semi-réfléchissante, on peut essayer d'imaginer ce qui peut se passer avec notre photon échantillonné à des intervalles de temps correspondant à la durée de Planck. S'il heurte les atomes de la lame alors qu'il est sous la forme corpuscule, il va rebondir sur elle et est donc réfléchi ; mais s'il est sous sa forme ondulatoire, 10^{-43}s plus tard, il va pouvoir traverser la lame. Je ne suis pas sûr du tout que cela suffise à expliquer la probabilité de 50% car il faudrait tenir compte de la probabilité de rencontrer des atomes de la lame, mais rien n'empêche d'y songer.

En parlant d'échantillonnage lié à la durée de Planck, cela me permet d'introduire la notion de fréquence de Planck qui serait la plus grande imaginable pour toute particule ; encore un mur infranchissable ! Elle ne fait pas partie des dimensions de Planck usuelles, mais on peut la calculer facilement en appliquant la formule $F=c/2Lp$ avec $c= 299\ 792.10^{3}$ m/s et $Lp = 1,62.10^{-35}$ m, ce qui donne la fréquence faramineuse de $92,5.10^{38}$ Hz. Le photon et toutes les particules onduleraient donc à des fréquences inférieures à cette valeur. Pour mémoire, l'ordre de grandeur de la fréquence d'un rayon X moyen tourne autour de 10^{18} Hz.

On a vu que l'énergie d'un photon dans le vide est constante et directement proportionnelle à sa fréquence, il est donc on ne peut plus facile de la calculer. L'électronvolt étant l'unité d'énergie la plus répandue pour les particules quantiques, la formule suivante est la plus commode si l'on exprime la longueur d'onde en nanomètres : $E_{ev} = 1240 / \lambda_{nm}$. Pour l'illustrer, si on prend une longueur d'onde visible dans le rouge de 620nm, on va lui trouver exactement une énergie de 2eV, ce qui n'est pas beaucoup... Le photon lumineux rouge ne semble donc pas avoir une grosse énergie mais, rapportée à sa masse nulle, elle est en fait énorme !

Ce qui est important à retenir c'est que le photon est avant tout un quantum d'énergie pure qui ne "s'use" pas, au point qu'il est légitime de se demander comment il arrive à conserver son énergie sur des parcours de plusieurs milliards d'années-lumière à travers l'espace. Le rayonnement fossile du Big Bang, le fond diffus cosmologique, émis alors que l'univers était âgé de seulement 380 000 ans, est toujours présent autour de nous et rayonne dans des longueurs d'onde de l'ordre de quelques centimètres. La longévité du photon est donc aussi hors pair. Il est considéré comme le vecteur, le porteur de l'interaction électromagnétique, mais c'est surtout un véritable porteur d'énergie. En physique atomique, on dit qu'un atome est stable lorsqu'il est dans son état quantique de plus basse énergie, appelé état fondamental. Qu'un photon vienne à entrer en collision avec lui, il pourra être absorbé et faire passer l'atome dans un état excité, c'est-à-dire à un niveau d'énergie supérieur et moins stable. Spontanément ou non, cet atome pourra revenir dans son état fondamental et se désexcitera en émettant un nouveau photon.

Extravagant photon, surtout quand on pense que c'est grâce à lui que l'on perçoit l'univers qui nous entoure ! Plus près de nous, c'est par lui que nous voyons et grâce à lui que nous pouvons utiliser des télescopes, des microscopes, des caméscopes, sans parler des ondes radio et de la télévision. Sans lui pas de lumière ni de Soleil et il n'y aurait jamais eu de vie sur la Terre.

Le photon onde et particule quantique nous intrigue toujours autant et nous permet de poser une double question essentielle : qu'est-ce qu'une particule et qu'est-ce que l'énergie ? Le sous-chapitre suivant ne vous donnera pas la réponse car personne ne peut prétendre la détenir, mais vous donnera peut-être un éclairage nouveau -si vous me permettez ce jeu de mot- sur cette question fondamentale.

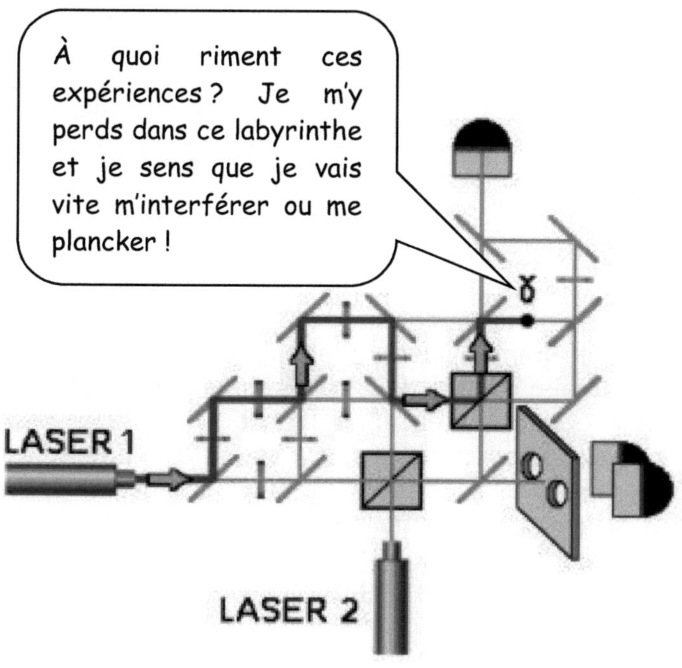

Qu'est-ce qu'une particule ?

Il sera surtout question ici des fameuses particules élémentaires. Nous avons vu que le modèle standard fait état de vingt-cinq particules auxquelles il faut ajouter les antiparticules et toutes celles que l'on ne va pas manquer de trouver plus tard : leurs partenaires supersymétriques, d'autres bosons de Higgs, le graviton, la matière noire et pourquoi pas des sous-gluons ? En attendant que ce modèle se développe ou que l'on en trouve un autre, il est légitime de se poser la question de ce qu'est vraiment une particule. Le cas du photon est en soi suffisamment extraordinaire pour essayer de comprendre s'il s'agit d'un corpuscule, d'une onde, de l'énergie, ou tout à la fois. Au risque de vous décevoir, vous ne trouverez nulle part la définition de ce qu'est une particule, ou plus exactement vous tomberez sur des définitions très disparates, ou sur leur description à base de caractéristiques nombreuses et complexes. Par exemple, pour la mécanique quantique, parfois on dit que ce sont de minuscules fluctuations très localisées de champs baignant tout l'univers, parfois on insiste sur la dualité onde-corpuscule.

Le terme de "particule" prête d'ailleurs largement à confusion : on a trop tendance à l'assimiler à une microbille de matière, comme l'électron, qui se déplace à toute allure, parfois jusqu'à atteindre la vitesse de la lumière. Mais toutes les expériences évoquées ici montrent que ce n'est pas du tout ça ! Ce terme recouvre des choses très disparates parfois sans masse, parfois sans vitesse, parfois en deux endroits à la fois, tant et si bien que j'ai utilisé le mot "schmilblick" dans mon précédent ouvrage pour désigner cette famille grouillante de particules en tous genres.

Ces "schmilblicks" élémentaires sont comme des pièces de Lego qui permettent de construire tout ce qu'on peut observer dans l'univers. Pourquoi alors seulement quatre pièces suffisent-elles à construire tout ce qu'il y de matériel sur la Terre, y compris la matière vivante bien sûr ? C'est à partir de ces quatre pièces (électron, quark up, quark down et le neutrino électronique) que l'on peut constituer des protons, des neutrons, et tous les atomes connus. A quoi donc servent les autres pièces ? On a bien une petite idée pour le photon, superbe véhicule de lumière et d'énergie, peut-être aussi pour les gluons, la fameuse "colle" nucléaire, mais pour les autres on est en droit de se demander quelle peut être leur utilité. Sont-ce des résidus inutilisés ou au contraire des assemblages de pièces encore plus élémentaires qui restent à découvrir ? Toutes ces questions risquent de rester encore longtemps sans réponse.

La plupart des physiciens considèrent que les particules élémentaires ne sont que l'expression de champs qui baignent tout l'univers. Ces champs sont comparables à une substance immatérielle qui peut donner lieu à des vibrations ou être parcourue par des ondes et générer ainsi nos fameuses particules. La théorie quantique des champs a été développée dans les années 1920-1930 et est toujours en vigueur. D'après cette théorie toutes les particules du modèle standard, les fermions comme les bosons, émergent de vibrations dans un champ. Les bosons de jauge (voir annexe 2) sont les vecteurs des interactions fondamentales, seul manque à l'appel le graviton censé être le vecteur du champ gravitationnel. Le plus connu et le plus ancien est notre fameux photon, boson de jauge du champ électromagnétique. Les vibrations qui parcourent ces champs peuvent donc se comporter comme des corpuscules et on peut dire que la mécanique quantique déguise les champs en particules.

Mais quid de la matière ordinaire dont nos corps sont faits ? Elle baigne évidemment dans ces champs dont elle fait partie intégrante. On a vu que cette matière ordinaire est constituée de quarks et d'électrons qui émettent des radiations, c'est-à-dire de la lumière au sens large et pas forcément visible, à travers ces champs ou par leur intermédiaire. Paradoxalement la matière qui nous semble si stable et si consistante émerge donc d'un inimaginable bouillonnement de champs quantiques.

Une particule ne serait donc finalement qu'une concentration d'ondes et d'énergie. Quelle que soit la bonne interprétation de la mécanique quantique -qui constitue le troisième grand mystère à élucider-, les physiciens sont d'accord dans leur ensemble pour reconnaître des caractéristiques communes à la famille prolifique des particules élémentaires :
- elles appartiennent toutes au monde quantique et obéissent donc aux lois de sa mécanique ;
- elles ont toutes sans exception un caractère ondulatoire, de même que les ensembles composites[1] construits à partir d'elles ; la longueur d'onde est donnée par son énergie s'il s'agit d'un photon et par l'équation de Schrödinger pour les autres ;
- elles peuvent avoir, dans certaines conditions, un comportement corpusculaire ;
- elles sont toutes caractérisées par une énergie.

1   On est arrivé à créer des interférences avec des protons et même avec des macromolécules.

Une particule peut ainsi être considérée comme une concentration localisée d'onde et d'énergie. Ce qui est le plus extraordinaire c'est de voir qu'avec ces pièces de Lego ont peut construire des objets aussi divers qu'une étoile ou qu'une molécule d'ADN. Tous ces objets, même la molécule d'ADN, émettent des ondes. Il suffit d'ailleurs de constater que tout l'univers observable est détecté et caractérisé par des longueurs d'onde, depuis les étoiles et leurs exoplanètes jusqu'aux trous noirs et autres ondes gravitationnelles. En astronomie on ne parle ainsi que de spectres, véritables codes-barres de tous les astres qu'elle analyse. C'est par l'analyse de leurs spectres de fréquences que l'on sera en mesure de dire, par exemple, que telle ou telle exoplanète contient de l'eau et serait capable d'abriter une forme de vie.

Mais tout cela ne nous dit toujours pas ce qu'est fondamentalement une particule : c'est un grand mystère de plus. J'y ajouterai son corollaire : qu'est-ce que l'énergie ? Car on peut en effet affirmer sans se tromper, en rappelant seulement que photons et gluons n'ont pas de masse, que :

PARTICULE = MASSE + ONDE + ÉNERGIE

S'agissant de la masse et de l'onde, ce n'est rien de plus que la fameuse dualité onde-corpuscule que j'ai déjà largement évoquée. Quant à l'énergie, il suffit de savoir que les principaux paramètres qui caractérisent une particule dans le tableau du modèle standard sont sa charge, son spin et sa masse exprimée par son énergie au repos. C'est au point que les chercheurs travaillant sur des accélérateurs ne parlent plus que du « Higgs à 125 GeV » et quand on leur dit « 511 KeV », ils savent tout de suite qu'il s'agit d'un électron, au coefficient c^2

près puisqu'on applique la formule $E=mc^2$. Une particule ne serait finalement qu'une toute petite chose qui vibre "énergiquement" et se déplace dans notre espace-temps après avoir émergé d'un champ quantique dont la décohérence l'a sortie.

Mais qu'est-ce qui entretient cette vibration, qu'est-ce que l'énergie ? On a vu que le photon est le quantum d'énergie pure par excellence caractérisé par son énergie directement proportionnelle à sa fréquence. Mais quand on parle d'énergie, il faudrait commencer par préciser laquelle tant il en existe de formes différentes selon la manière dont elle s'exprime :
- énergie rayonnante ou radioactive (c'est-à-dire l'énergie électromagnétique dont la lumineuse),
- énergie nucléaire (fission, fusion),
- énergie électrique (mouvements de charges électriques),
- énergie thermique (agitation moléculaire),
- énergie chimique (combustion qui dégage chaleur et lumière),
- énergie mécanique (mouvement de masses, donc cinétique).

Pour mémoire, mentionnons aussi l'énergie du vide. Si l'énergie potentielle ne figure pas dans cette liste, c'est parce qu'il s'agit d'une énergie non encore exprimée, en attente d'apparaître sous une des formes listées ci-dessus. Cette énergie potentielle peut être par exemple celle contenue dans un barrage hydraulique, dans un baril de pétrole ou dans un kilo d'uranium enrichi. Les différentes formes d'énergie sont récapitulées dans un joli diagramme en annexe 3. Il est remarquable de constater qu'elles se traduisent toutes par des mouvements de particules ou d'un ensemble de particules, autrement dit tout ce qui bouge ou vibre, c'est de l'énergie.

Les unités de mesure de l'énergie, ce n'est pas une surprise, sont aussi diverses que ses formes comme on peut en avoir un aperçu dans l'encadré ci-dessous non exhaustif. Les particules élémentaires, ou leur assemblage du genre proton ou neutron, peuvent générer toutes ces formes d'énergie, à l'exception peut-être de l'énergie mécanique qui fait intervenir la gravitation et l'accélération, du moins tant qu'on n'aura pas trouvé le graviton.

Les unités d'énergie

Le Joule (J) est l'unité de mesure du système international mais ce n'est pas une unité fondamentale. C'est le travail mécanique d'une force de 1 newton (Nw) se déplaçant sur 1 mètre. Il y a un grand nombre d'unités dérivées, toutes sont convertibles entre elles à une constante près. On citera, par exemple, par ordre croissant :

L'électronvolt	$1\ eV = 1{,}6.10^{-19}\ J$
L'erg	$1\ erg = 10^{-7}\ J$
La calorie	$1\ cal = 4{,}185\ J$
Le kilowatt-heure	$1\ kWh = 3{,}6.10^{6}\ J$
La tonne équivalent pétrole	$1\ tep = 4{,}186.10^{10}\ J$

Il y en a beaucoup d'autres comme la BTU britannique, la tonne de TNT (on connaît mieux la mégatonne), la tonne équivalent charbon, la thermie, le baril de pétrole et le cheval-heure. A noter que les énergies lumineuse et électromagnétique ont des unités spécifiques.

Il est donc très difficile de définir ce que recouvre le mot "énergie". Depuis le 19ème siècle on pense que c'est une grandeur qui se conserve mais, à part le fait non négligeable que ce dogme est à la base de bien des lois physiques, on ne sait toujours pas expliquer vraiment ce qu'elle est, pas plus qu'on ne sait définir la vraie nature d'une particule. Je dirai en guise de conclusion qu'une particule est une énergie qui vibre, n'a pas besoin d'un substrat pour se déplacer dans le vide et surtout ne s'épuise pas pour peu qu'on n'interagisse pas avec elle.

6. EPILOGUE

« Bien lire l'univers, c'est bien lire la vie. »

Démocrite

« I think I can safely say that nobody understands quantum mechanics. »

Richard Feynman

« La science n'est pas plus qu'une tentative d'explication d'un miracle inexplicable et l'art une interprétation de ce miracle. »

Ray Bradbury (*Chroniques martiennes*)

Ce livre n'est qu'un survol des principaux mystères de la physique que les non initiés risquent cependant de trouver un peu trop technique et je leur demande de m'en excuser. S'ils y trouvent des éléments qui leur permettent d'approfondir leur réflexion ou de mieux comprendre les enjeux de la physique quantique, je m'en réjouis.

J'invite le lecteur à suivre l'actualité de la gravitation quantique et de la chasse au graviton. Plusieurs expériences importantes ont été lancées dans le monde pour découvrir si la gravitation pouvait exister au niveau des atomes ; elles sont susceptibles de nous apporter des éléments vraiment nouveaux dans les années qui viennent. S'il s'avère que la gravitation existe au niveau des particules, voire est générée par elles, on pourra peut-être arriver à trouver le maillon manquant entre la relativité généralisée et la physique quantique. Si tel n'est pas le cas, on en déduira que la gravitation reste cantonnée dans l'espace-temps relativiste, mais il faudra quand même poursuivre les recherches pour réduire la largeur du "no man's land" avec le monde quantique.

Dans tous les cas, une avancée importante dans le domaine de la gravitation permettra d'affiner nos idées et nos théories sur l'évolution de notre univers, depuis le Big Bang jusqu'à sa phase terminale. Sans compter qu'elle pourra nous donner aussi des informations pertinentes sur la nature de la matière noire et de l'énergie sombre (rappelez-vous : 95% de l'univers !), ce qui n'est pas une mince affaire.

Le mystère du temps est une autre histoire. Il a toujours été vu, ainsi que sa flèche, sous un angle philosophique, psychologique, voire mystique, mais très peu sous l'aspect purement scientifique. On a assisté tout au long de l'histoire de l'humanité à une course contre la montre, en fait à une course poursuite incessante vers une précision de plus en plus fine de sa mesure. Mais quant à étudier sa nature profonde, il n'y a plus grand monde. Il a fallu attendre Einstein pour faire progresser les choses en l'élevant au rang de quatrième dimension de notre espace. Depuis cette petite révolution, plus rien ou presque. Le temps physique reste cantonné au rang d'outil qui apparaît souvent dans nombre d'équations newtoniennes, relativistes et bien entendu quantiques, mais personne n'est capable d'expliquer ce qu'il est vraiment et comment il peut être généré ; on trouve seulement quelques hypothèses par-ci par-là. Pire, certains scientifiques ont même cherché à tuer le temps, au sens propre, en arguant du fait qu'il ne figure pas dans des équations de la mécanique quantique ou qu'il y figure de manière symétrique donc autorisant la remontée du temps. Sur ce sujet le monde quantique sera peut-être en mesure de nous donner quelques indications sur la nature de la flèche du temps et la manière dont elle en émerge.

Heureusement la plupart des physiciens admettent aujourd'hui la réalité du temps. C'est le cas notamment de Lee Smolin qui va même jusqu'à dire que le temps est fondamental et que c'est lui qui serait à l'origine de l'émergence de l'espace et non l'inverse (in : *La révolution inachevée d'Einstein*). Il travaille sur une théorie qui pourrait bouleverser la mécanique quantique. J'adhère tout à fait à son approche du temps même s'il ne va pas, comme j'ai osé le faire, jusqu'à lui accorder le statut de particule quantique. Pour arriver à cette idée, je suis parti du phénomène de désintégration spontanée de certains isotopes naturels, à l'image du carbone 14 qui permet de dater des objets très anciens. Tous ces atomes sont caractérisés par leur période, c'est-à-dire leur temps de demi-vie au bout duquel ils ont exactement une chance sur deux d'exister encore (comme le chat de Schrödinger qui en utilise un). Cette période de désintégration est rigoureusement la même pour tous les noyaux identiques, ce qui ne permet pas cependant de prévoir à quel moment ils vont éclater en petits morceaux. On ne m'ôtera pas de l'idée que ces atomes ont une composante temporelle en leur sein. Pour que ce phénomène ait une telle constance statistique, on peut imaginer deux choses. Si on se souvient que les composants de l'atome ont tous un caractère ondulatoire, les ondes des particules le constituant pourraient très bien au bout d'un certain temps entrer en forte résonance jusqu'à casser l'atome (soit dit en passant, cette possibilité pourrait aussi expliquer le fameux "effet tunnel" qui m'a toujours beaucoup intrigué). Une autre explication possible consisterait en l'existence d'un quantum temporel immergé au cœur de ces atomes et même de certaines particules composites comme le neutron libre qui a aussi une durée de vie limitée. Il agirait comme un véritable chronomètre déclenchant une explosion au bout d'un temps imprévisible, certes, mais pas complètement aléatoire puisque le temps moyen pour des atomes du même type est une constante notoire. Qui peut jouer ce rôle de chronomètre : des cristaux d'espace-temps ou de temps, ou des tempinos ? La question est ouverte.

Pour revenir sur le problème de l'interprétation quantique, on a vu l'influence beaucoup trop marquée de l'école de Copenhague, toujours presque exclusivement enseignée. Il existe cependant d'autres interprétations beaucoup moins connues qui aboutissent à une interprétation plus "réaliste" en ce sens que ce ne sont ni les appareils de mesure ni les observateurs qui créeraient la réalité. J'aime bien, par exemple, celle dite de l'onde pilote imaginée par Louis de Broglie qui remet un peu de déterminisme et envoie aux oubliettes l'idée d'ubiquité d'une particule quantique. Les nouvelles générations sont en train de sortir du carcan de l'interprétation dite orthodoxe pour imaginer d'autres voies possibles. On attend donc beaucoup l'arrivée d'un nouveau génie qui trouvera une explication plus facile à accepter, si possible moins hermétique. On peut espérer notamment que la nouvelle interprétation permette d'apporter quelques explications sur les phénomènes si mystérieux d'intrication et de décohérence.

Vous avez bien remarqué au cours de votre lecture que les trois grands mystères que j'ai sélectionnés sont assez fortement liés entre eux. La gravitation, pour commencer par elle, est provoquée par une courbure de l'espace-temps elle-même provoquée par la présence de masses et d'énergie. La relativité générale nous a aussi expliqué que la gravitation est indissociable du temps : une horloge par terre ne peut pas indiquer le même temps que sa sœur jumelle posée sur la table à côté. On a vu, pour la même raison poussée à l'extrême, que le temps s'arrête au fond d'un trou noir où règne une gravitation quasi infinie.

Du côté de l'infiniment petit, on ne sait pas si la gravitation s'y manifeste, c'est pourquoi il y a de nombreuses recherches sur la gravitation quantique qui donnent lieu à de nouvelles théories comme la gravitation quantique à boucles. L'enjeu important de ces recherches est de rétablir une compatibilité, un lien entre la relativité générale et la physique quantique. La gravitation, si elle existe au niveau des particules et se trouve -pourquoi pas ?- générée par elles, pourrait par exemple expliquer le phénomène on ne peut plus mystérieux de la décohérence.

On a vu le lien étroit qui existe entre le temps et la gravitation, mais le temps entretient aussi des liens serrés avec la physique quantique. Je ne reviendrai pas sur la chronométrie interne des atomes radioactifs et des cristaux de temps, mais il faut savoir, à propos encore de la décohérence, qu'elle pourrait être à l'origine de la flèche du temps. Le temps apparaît dans la fonction d'onde de Schrödinger mais dans certaines occasions il peut avoir un effet rétroactif. Autrement dit un effet peut avoir lieu avant sa cause, une particule peut sembler remonter le temps : c'est toute la causalité qui est alors remise en question. D'où l'importance de poursuivre les recherches sur le temps et le monde quantique.

Voici, pour résumer, mes intimes convictions :
1. Le temps est une composante on ne peut plus fondamentale de l'univers et son vecteur est une particule quantique.
2. La complétude de la mécanique quantique est loin d'être assurée et doit être recherchée grâce à une nouvelle théorie qui doit intégrer la gravitation.

Si l'on ne progresse pas depuis des années sur ces questions, c'est peut-être parce que les chercheurs sont victimes des sujets à la mode et subissent l'influence des grandes universités, des groupes internationaux et des industries. Certains se posent à coup sûr les bonnes questions, mais ils prennent le risque de ne pas être écoutés et surtout de se retrouver sans aucun moyen de financement pour conduire leurs recherches.

Quelles sont au fait les bonnes questions ? Je dirai qu'elles sont contenues dans les trois thèmes suivants :
- la vraie nature de la gravitation,
- la vraie nature du temps,
- la bonne interprétation de la physique quantique.

Autrement dit les trois plus grands mystères évoqués ici. Sans oublier leurs deux corollaires : qu'est-ce qu'une particule, qu'est-ce que l'énergie ?

J'ai toujours admiré la sagesse et le génie d'Einstein, mais suis désolé qu'il ait dû avouer en 1954, à la fin de sa vie, que cinquante ans de recherches ne l'avaient pas rapproché de ce que sont les quanta de lumière. Ce qui est sûr, c'est que les chercheurs d'aujourd'hui ne manquent pas de pain sur la planche. Ils ont l'avenir devant eux, contrairement aux physiciens de la fin du 19ème siècle qui osaient penser qu'il n'y avait plus rien à découvrir.

1. __L'EXPERIENCE D'ALAIN ASPECT__

Cette expérience réalisée en 1982 a permis de montrer que la décohérence de deux photons intriqués éloignés (A et B) violait l'inégalité de Bell. En clair, de manière simplifiée, les coïncidences de polarisation des deux photons intriqués ne peuvent pas être la conséquence d'un échange quelconque d'information à vitesse $\leq c$ entre les deux particules.

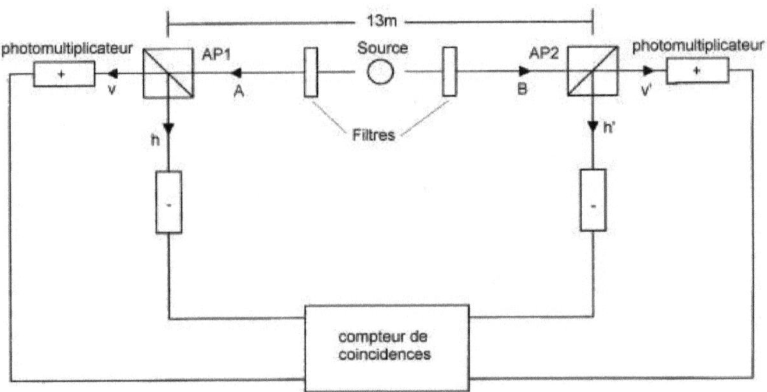

La source émet des paires de photons intriqués partant en sens inverse par excitation d'atomes de calcium par des faisceaux laser à haute énergie.

Selon la polarisation des photons, h ou v, les analyseurs de polarisation AP les dirigent vers un photo-multiplicateur qui envoie une impulsion vers un circuit servant à enregistrer les coïncidences. Ces coïncidences sont comptées dans une fenêtre de 20ns qui supposerait qu'une information qui franchirait les 13m entre les deux AP irait à une vitesse supérieure à c.

2- <u>LE MODÈLE STANDARD DES PARTICULES</u>

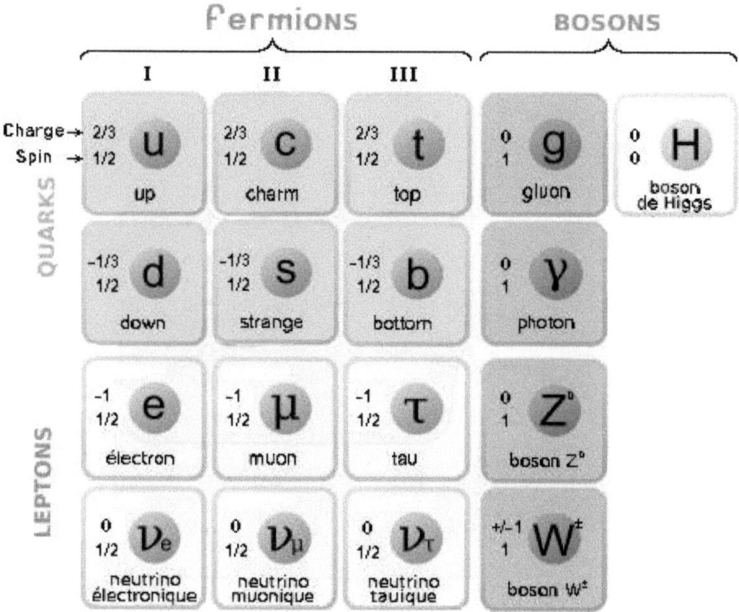

Il y a trois sortes de bosons de jauge :
-le **gluon** est celui de l'interaction forte (8 variantes)
-le **photon** est celui de l'interaction électromagnétique,
-les **bosons Z et W** sont ceux de l'interaction faible,

Quelques masses en MeV (Mégaélectronvolt), par ordre croissant :

Photon et gluon	0
Neutrino électronique	$<2.10^{-6}$
Electron	0,511
Quark Up	2,4
Boson Z	91 000
Boson de Higgs	125 000

3- <u>**LES DIFFERENTS TYPES D'ÉNERGIE**</u>

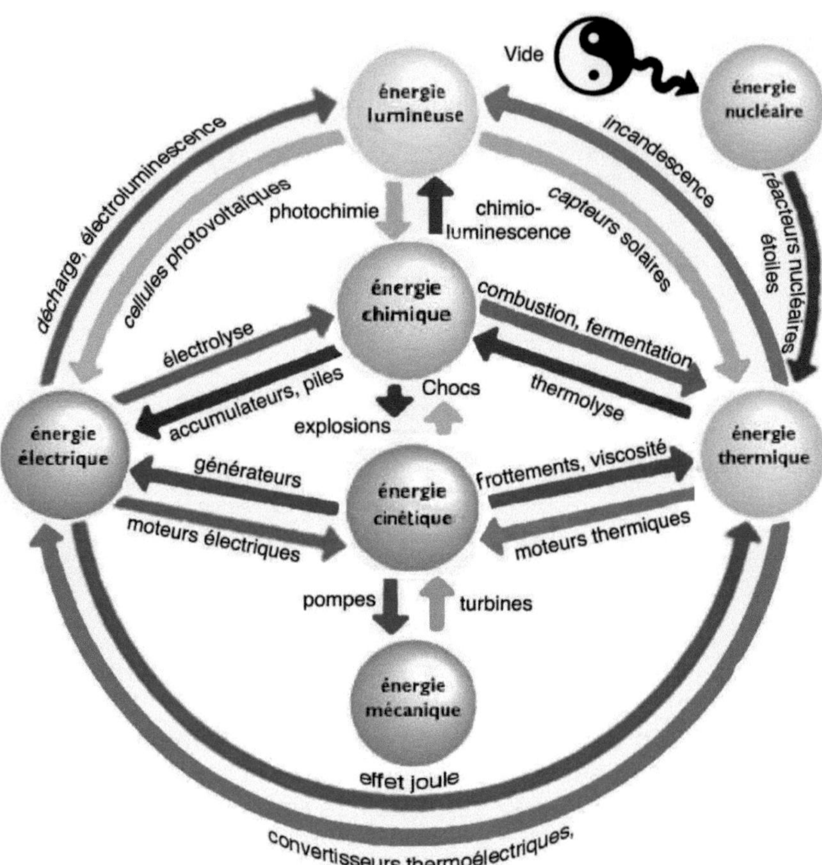

Cet intéressant diagramme est dû au professeur Marc Henry. Il récapitule les différentes formes d'énergie et leurs transformations. L'énergie potentielle n'y figure pas car c'est une réserve d'énergie qui est en attente de s'exprimer sous une des formes ci-dessus. Les bulles "énergie cinétique" et "énergie mécanique" pourraient être fusionnées, et j'aurais plutôt baptisé la bulle du haut "énergie électromagnétique" qui regroupe les énergies lumineuse, électro-statique et magnétique.

BIBLIOGRAPHIE
(Pour ceux qui voudraient en savoir un peu plus sans trop se prendre la tête)

J. Baker : *50 clés pour comprendre la physique quantique*, Dunod 2017

C. Bruce : *Les lapins de M. Schrödinger*, Le Pommier diffusion Belin 2006

J. Cham & D. Whiteson : *Tout ce que nous ne savons pas encore - Le guide de l'univers inconnu*, Flammarion 2017

G. Chardin : *Qu'est-ce que la flèche du temps ?*, Les petites pommes du savoir 2007

N. Gisin : *L'impensable hasard : non-localité, téléportation et autres merveilles quantiques*, Odile Jacob 2012

B. Greene : *La réalité cachée – Les univers parallèles et les lois du cosmos*, Robert Laffont 2012

S. Hawking : *Trous noirs et bébés univers*, Poche Odile Jacob 2000

S. Hossenfelder : *Lost in maths – Comment la beauté égare la physique*, Les Belles Lettres 2019

F. Kaplan : *L'irréalité du temps et de l'espace*, Les éditions du Cerf 2004

E. Klein : *Le facteur temps ne sonne jamais deux fois*, Flammarion 2007

E. Klein, P. Brax & P. Vanhove : *Qu'est-ce que la gravité ? – Le grand défi de la physique*, Dunod 2019

E. Klein : *Petit voyage dans le monde des quanta*, Champs Sciences Flammarion 2016

J. Léon : *A la recherche du temps perdu*, Ellipses 2006

S. Ortoli & J-P. Pharabod : *Métaphysique quantique*, La découverte 2011 et Poche 2018

S. Ortoli & J-P. Pharabod : *Le cantique des quantiques – Le monde existe-t-il ?*, La découverte Poche 2007

C. Rovelli : *Et si le temps n'existait pas ?*, Dunod 2014

L. Smolin : *La renaissance du temps*, Dunod 2014

L. Smolin : *Rien ne va plus en physique – L'échec de la théorie des cordes*, Poche Sciences 2010

L. Smolin : *La révolution inachevée d'Einstein – Au-delà du quantique*, Dunod 2019

L. Susskind : *Le paysage cosmique*, Robert Laffont 2007

Kip S. Thorne : *Trous noirs et distorsions du temps*, Flammarion 1997

Table des matières

Remerciements

A mon épouse Françoise et à mon ami Sacha pour leur précieux soutien et leur aide sémantique et grammaticale.

Du même auteur :

– ÉCHEC AUX RÈGLES
   (Problèmes d'échecs originaux et amusants)

– LA PARTICULE DE TEMPS Edition 2019
   (toutes les questions que l'on se pose sur le temps)

(Editeur BOD, sur les sites www.bod.fr et www.amazon.fr)